JN193426

訂正とお詫び

編集上の不手際により、本書p.15 図1-6に誤りがございます。以下に正しい図を掲載いたします。深くお詫び申し上げます。

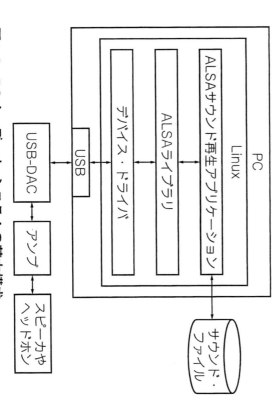

図1-6 PCオーディオ・システムの基本構成
USBインターフェース経由で高性能のD-A変換器を持つUSB-DACに接続する

Linuxサウンド処理基盤
ALSA プログラミング入門

ハイレゾ音源 WAVE, AIFF, FLAC対応
PCオーディオ・プレーヤを作る

音羽 良

[著]

My Linux
シリーズ

CQ出版社

はじめに

CDより高精細なディジタル・サウンドを再生可能なハイレゾリューション（以下，ハイレゾ）・オーディオ方式が普及しつつある昨今，オーディオ雑誌を見ると高価なUSB-DAC機能付きのアンプやアクティブ・スピーカが紹介されています．

しかしながら，どんなに高価な装置をそろえようが，ハイレゾ音源のサウンド・データを保存し，そのフォーマットを解析し，サウンド・データを再生ハードウェアに出力するまでの一連のディジタル信号処理を行う役割は，もっぱらPC（Personal Computer）などで動作する再生ソフトウェアが担っています．換言するとハイレゾ・オーディオ再生システムの中枢機能は，再生ソフトウェアが担っているといっても過言ではありません．

そこで本書は，Linuxの事実上の標準オーディオ基盤であるALSA（Advanced Linux Sound Architecture）の提供するアプリケーション・インターフェースを適用して，ハイレゾ音源を再生するプログラムを作成するのに必要な知識と技法について説明します．

LinuxおよびALSAを開発環境としたのは，ハイレゾ再生に必要な基盤ソフトウェア（デバイス・ドライバなど）が標準的に備わっていること，豊富なオープン・ソフトウェア・ツールを利用することで費用をかけずにハイレゾ再生プログラムを容易に作成できることなどの利点があることに加えて，次に示すような開発環境としての利点が挙げられます．

• Linuxでは基本的にOSやアプリケーション・プログラムのソース・コードや技術情報が公開されています．例えば，オーディオ分野では，Linux，macOS，Windowsで共通的（いわゆるクロスプラットフォーム）に動作するようなアプリケーション・プログラムやライブラリが関連技術情報と共に多数公開されています．これらが示す基本的な考え方は，オーディオ分野に限らず，将来独自のクロスプラットフォーム・アプリケーション・プログラムを開発する際に大いに参考となるでしょう．

• ALSAライブラリが提供するアプリケーション・プログラミング・インタフェースは，C言語の標準関数と同様な作法で使用できる関数から構成されているため，過度に複雑で抽象的な概念に煩わされることなくサウンド処理の本質的な流れや要点を見通し良く把握するのに適しています．本書でALSAライブラリの使用を経験して獲得した知見は将来他のOSプラットフォームで独自のサウンド処理を手掛ける場合も，十分役立つでしょう．

また，本書で主として使用するプログラミング言語は，次の理由で汎用的なC言語としました．

• リアルタイム処理など，処理速度が要求されるプログラムへの適用実績が十分に確立していること．

• OSやハードウェアと緊密な関係を持つ，比較的低水準のアプリケーション・プログラム作成に適していること．

• 複数のOS間で移植可能なソース・コードの作成に適していること．

本書では，前半のコマンドライン・ベースで実行可能なプログラムを取扱う場合には，もっぱらC言語を使用します．ただし，後半のGUIプログラミングの説明では，一部C++言語を利用しますが，C++の深い知識は特に必要とせず，ごく入り口の基本知識のみで理解できるようになっています．

■本書の特徴

本書は，次のような観点に基づき記述しました．

• 全体的に本文のみで基本的な知識を習得できること．補足的な知識は注記（Note）とし，サウンド再生プログラム作成を優先する読者は，それらを読み飛ばしても問題ないこと．

• ハイレゾ・サウンドのディジタル信号処理上の特性を理解できること．

- ALSAの特徴，基本概念とALSAのライブラリを利用するオーディオ・プログラミングの実際を理解できること．
- 最初にプログラム構造の全体像を示し，そこから段階的に各コードの実装へ展開するトップダウン・アプローチの説明により，実例プログラムの内容を容易に理解できること．
- 各実例プログラムは直前に作成した実例プログラムを土台にして，不要となったコードを削除し，新規コードを追加していくような発展的なコード構成として作成することにより，プログラム間の差分コードを明確にすること．
- 実例プログラムにおいては，機能を実現する正味の部分に焦点を絞るため，エラー処理を必要最小限の範囲に留めること．
- コマンドラインから実行する再生プログラムでサウンド再生に必要な処理を詳細に説明してから，GUI再生プログラムの作成方法を説明することにより，両方のプログラム構造の関係性およびGUIプログラム固有の特徴を明確にすること．

■ 本書が想定する読者

本書では，次のような方々が読まれることを想定しました．
- ハイレゾ・オーディオ分野に興味があり，PCでハイレゾ・サウンドを再生するプログラムを作成するために必要な技術的知識・技法を習得したいと考えている方．
- C言語によるプログラミングの基本知識があり，オーディオ関連のソフトウェア作成を始めたいと考えている方．
- ALSAをサウンドのベース・ソフトウェアとして利用する場合に必要な知識，およびプログラミング技法を知りたい方．
- GUIプログラミングの基本を習得したいと考えている方．

■ 本書の構成

本書は，次に示す構成になっています．
- 「第1章 ハイレゾ音源の再生」では，第1にハイレゾ音源の特徴（ハイレゾ音源の要件，ハイレゾ音源の特性，標本化，量子化，PCM符号化，サウンド・ストリームの構造など），第2にハイレゾ音源を再生するためのPCオーディオ・システム（システム要件，USBオーディオ・インターフェースなど）について説明します．
- 「第2章 ALSAアプリケーション・プログラミング・インターフェース概要」では，第1にALSAの構成概要（アーキテクチャ，ALSAのハードウェア・デバイスの構成およびユーティリティによるデバイス構成の確認方法など）を説明，第2にALSAライブラリの基本概念（PCMインターフェース，PCMデバイスとプラグインなど）について説明します．第3にALSA構成ファイルの枠組みについて説明します．
- 「第3章 ALSAライブラリによるPCMサウンド再生の要点」では，第1にPCMサウンド再生処理の流れ（PCMサウンド再生処理フロー，ALSAライブラリが行う処理の識別，アプリケーション単独で行う処理の識別など）について説明します．第2にPCMデバイスのオープン／クローズ処理を実行するALSA APIについて説明します．第3にPCMデバイス構成パラメータの概念・定義（構成空間，ハードウェア・パラメータ，ソフトウェア・パラメータなど）について関連するALSA APIと共に説明します．第4にALSAライブラリとアプリケーション間でのデータ転送インターフェース（ALSAライブラリの転送方式，PCMストリームの状態，エラー・コードなど）について説明します．
- 「第4章 サウンド再生実例プログラムの作成」では，第1にPC開発環境の準備（エディタ／コンパイラ，ライブラリなど）について説明します．第2にサウンド再生実例プログラムの仕様（実例プログラム概要，プログラム基本構造，仕様上の留意点，実装上の留意点など）について説明します．
- 「第5章 WAVE再生プログラム」では，第1にWAVEファイル・フォーマット（チャンク構造，WAVEファイル

のフォーマット構造を定義するヘッダ・ファイルなど）について説明します．第2に，要求仕様，プログラム構成，
ソース・コード定義，実行プログラム生成／動作確認の作業フローに沿って，WAVE再生プログラム（標準read/
write 転送）の作成方法を説明します．第3に，同じく要求仕様，プログラム構成，ソース・コード定義，実行プ
ログラム生成／動作確認の作業フローに沿って，WAVE再生プログラム（直接read/write転送）の作成方法を説
明します．

• 「第6章 FLAC再生プログラム」では，第1にFLAC圧縮フォーマット（FLAC概要，FLACフォーマット仕様，
FLACフォーマット処理ツール概要など）について説明します．第2にlibFLAC APIを適用した再生プログラミ
ング処理（プログラミング構造，再生処理に適用するlibFLAC APIなど）について説明します．第3に要求仕様，
実現性検討／プログラム構成，ソース・コード定義，実行プログラム生成／動作確認の作業フローに沿って，FL
AC再生プログラムの作成（標準read/write 転送）の作成方法を説明します．

• 「第7章 マルチフォーマット再生プログラム」では，第1にマルチフォーマット用ツールlibsndfileを適用した再
生プログラミング処理（libsndfile概要，再生に適用するlibsndfile APIなど）について説明します．第2に，要求
仕様，プログラム構成，ソース・コード定義，実行プログラム生成／動作確認の作業フローに沿って，マルチフォ
ーマット再生プログラム（標準read/write 転送）の作成方法を説明します．

• 「第8章 GUI再生プログラム」では，第1にGUIツールによるプログラミング概要（GUIツール，FLTKおよび
C++言語の基礎など）について説明します．第2に，要求仕様，実現性検討／プログラム構成，ソース・コード定義，
実行プログラム生成／動作確認の作業フローに沿って，GUI再生プログラムの作成方法を説明します．

■ 実例プログラムについて

　本書に掲載した実例プログラムは，以下の環境で構築・確認しています．

• Ubuntu 14.04 LTS

• gcc /g++ 4.8

• alsa-lib 1.027

• flac 1.3

• libsndfile 1.025

• fltK 1.3.3

　従って，上記以外の環境では，正常な構築または動作が不可になる可能性があることをご承知置き願います．
なお，実例プログラム一式は，次のWebサイトからダウンロードできます．

　URL：http://shop.cqpub.co.jp/hanbai/books/44/44731/ALSA.zip

■ 用語・表記について

　本書では，可能な限り日本語の用語を用いるようにしていますが，「サウンド」や「オーディオ」のような日常
的になじみの深い英語の音読で表記している場合があります．さらに，英語音読表記の場合，英語で複合語とな
る用語は，原則各単語を「・（なかぐろ）」で区分して表現しています（例：digital audio ⇒ ディジタル・オーディ
オ）．また，「フレーム」のように，文脈により違う意味合いの内容を示す用語については，その都度説明するとと
もに，便宜上識別可能な修飾語を付して表記する場合があります（例：サンプル・フレーム，FLACフレーム）．
さらに本文の説明では，物理ファイル名，ディレクトリ名，コマンド名，コマンド行オプション，およびソース・
コードで引用する型名，関数名，変数名，リテラル文字などは等幅フォントで表記しています．

　そのほかに，各実例プログラムのリスト表示においては，誌面幅の制約で一行に収まらないコード行について，
適宜改行コード，空白文字などを挿入した継続行表示にして，見やすくするようにしています．

■ 本書の利用で期待される効果

本書により，Linux ALSAオーディオ環境でハイレゾ音源を含むディジタル・サウンドを再生するためのアプリケーション・プログラムを設計，構築するための基本的な知識，およびプログラミング技法が習得できます．この基本知識とプログラミング技法をベースにすれば，次のステップではより高度なPCサウンド・アプリケーション・プログラムへ拡張・発展させることが一段と容易になることでしょう．例えば，オーディオ分野では次のような進化が考えられます．

● 統合型オーディオ・アプリケーション

データベース管理ソフトを利用してジャンル（ジャズ，クラッシックなど），演奏者，曲名などのデータ項目で検索できるように構成した音楽データベースと再生プログラムを統合すれば，独自のオーディオ・アプリケーション・プログラムに拡張できるでしょう．

● センサ情報と連携したオーディオ制御

不意の落下などの運動現象を検知して直ちに内蔵ハードディスクの動作を停止し，機器の故障を回避するような動き検出センサ，または加速度センサを組み込んだノートPCなどの携帯型情報端末において，例えば同センサの落下検知情報に基づき，音楽再生中のオーディオ・プログラムを停止したり，移動程度の軽微な動き情報に対しては再生サウンドに低域フィルタ処理や再生速度を変換する処理を施すような制御ができると，より信頼性の高い洗練されたオーディオ・アプリケーションを作成できることでしょう．

さらに，オーディオ分野以外でもサウンド再生処理は，次に示すような多方面の音響関連のアプリケーションに密接に結びつくソフトウェアの構成要素として活用できる可能性があります．

● サウンドエフェクト／編集処理

音楽の録音や作成に必要なサウンド編集またはディジタルオーディオ・ワークステーションと呼ばれるアプリケーション分野においては，残響エフェクトの付与，FIR（有限長インパルス応答）ディジタル・フィルタによる入力信号の標本化周波数を変換する処理などのディジタル信号処理技術に基づく多様なエフェクトの合成や編集処理が必要になります．これらの処理の効果をモニターし確認するためには，信号処理アプリケーションにサウンド再生処理を付加または統合することが不可欠となるでしょう．

● 音響特性補正

音響再生に有害な室内の共鳴や残響を補正する技術では，室内の音響伝達特性を計測し，それを補正する特性をディジタル・フィルタで近似的にモデル化します．この補正効果を計測するためには，サウンド出力信号の波形や周波数スペクトルなどの計測に加えて，試験音源補正後の再生音の確認が有効な検証手段となることでしょう．

● 仮想立体音響

人間がサウンドを立体的に知覚する頭や耳による複雑な反射や回折が生み出す頭部伝達特性を模擬して，サラウンド・サウンド音源を通常のステレオ・ヘッドフォンでも仮想的な立体感として知覚できるようにするアプリケーションにおいても，基本的なサウンド再生処理が主要なソフトウェア構成要素の一つとなるでしょう．

■ 謝辞

本書の出版機会を与えていただいたCQ出版社に感謝いたします．とりわけ，説明内容や文章表現について有益なご指摘をいただいた編集ご担当諸氏に深謝いたします．

2018年4月　音羽 良

目 次

はじめに 2

第1章　ハイレゾ音源の再生 10

第1節　ハイレゾ音源の特徴 10

第1項　ハイレゾ・オーディオ 10

第2項　ハイレゾ音源の特性 10

第3項　標本化速度とディジタル信号特性の関係 12

第4項　量子化とディジタル信号特性の関係 13

第5項　サウンド信号のPCM符号化 13

第6項　PCMサウンドの基本的なデータ・ストリーム構造 14

第2節　ハイレゾ音源を再生するためのPCオーディオ・システム ... 15

第1項　PCオーディオ・システムの要件 15

第2項　USBオーディオ・インターフェース 15

第2章　ALSA アプリケーション・プログラミング・インターフェース概要 20

第1節　ALSAの構成概要 20

第1項　ALSAの全体構造 20

第2項　ALSAのハードウェア・デバイス構成 21

第3項　ALSAデバイス・ドライバ 24

第2節　ALSAライブラリの基本概念 25

第1項　PCMインターフェース 26

第2項　PCMデバイスとプラグイン 26

第3節　ALSA構成ファイルの枠組み 28

第3章 ALSAライブラリによる PCMサウンド再生の要点 30

第1節 PCMサウンド再生処理の流れ 30
第1項 再生におけるALSAとアプリケーションの役割 30

第2節 PCMデバイスのオープン/クローズ 31

第3節 PCMデバイス関連のパラメータ設定 32
第1項 パラメータ構成空間 32
第2項 ハードウェア・パラメータの設定 32
第3項 ソフトウェア・パラメータの設定 40
第4項 PCMデバイス全構成情報の出力 41

第4節 ALSAライブラリとアプリケーション間の データ転送インターフェース 43
第1項 ALSAライブラリの転送方式 43
第2項 PCMストリームの状態 47
第3項 PCMインターフェースのエラー・コード 48

第4章 サウンド再生実例プログラムの作成 50

第1節 PC開発環境の準備 50
第1項 エディタ/コンパイラ 50
第2項 ライブラリ 50

第2節 サウンド再生実例プログラムの仕様 52
第1項 実例プログラム概要 52
第2項 プログラム基本構造 53
第3項 実例プログラム仕様上の留意点 55
第4項 実例プログラム構成/実装上の留意点 56

第5章 WAVE再生プログラム 58

第1節 WAVEファイル・フォーマット 58
第1項 WAVEフォーマットのデータ構造 58
第2項 WAVEファイルのフォーマットを規定するデータ構造 61

第2節　WAVE再生プログラムの作成（標準read/write 転送）⋯⋯⋯ 62

第1項　要求仕様 ⋯⋯⋯⋯⋯⋯⋯⋯⋯⋯⋯⋯⋯⋯⋯⋯⋯⋯⋯ 62

第2項　プログラム構成 ⋯⋯⋯⋯⋯⋯⋯⋯⋯⋯⋯⋯⋯⋯⋯⋯⋯ 63

第3項　ソース・コード定義 ⋯⋯⋯⋯⋯⋯⋯⋯⋯⋯⋯⋯⋯⋯⋯ 64

第4項　実行プログラム生成/動作確認 ⋯⋯⋯⋯⋯⋯⋯⋯⋯⋯ 76

第3節　WAVE再生プログラムの作成（直接read/write 転送）⋯⋯⋯ 79

第1項　要求仕様 ⋯⋯⋯⋯⋯⋯⋯⋯⋯⋯⋯⋯⋯⋯⋯⋯⋯⋯⋯ 79

第2項　プログラム構成 ⋯⋯⋯⋯⋯⋯⋯⋯⋯⋯⋯⋯⋯⋯⋯⋯⋯ 80

第3項　ソース・コード定義 ⋯⋯⋯⋯⋯⋯⋯⋯⋯⋯⋯⋯⋯⋯⋯ 80

第4項　実行プログラム生成/動作確認 ⋯⋯⋯⋯⋯⋯⋯⋯⋯⋯ 85

第6章　FLAC再生プログラム ⋯⋯⋯⋯⋯⋯⋯⋯⋯⋯⋯⋯⋯ 88

第1節　FLAC圧縮フォーマット ⋯⋯⋯⋯⋯⋯⋯⋯⋯⋯⋯⋯⋯⋯ 88

第1項　FLAC概要 ⋯⋯⋯⋯⋯⋯⋯⋯⋯⋯⋯⋯⋯⋯⋯⋯⋯⋯ 88

第2項　FLACフォーマット仕様 ⋯⋯⋯⋯⋯⋯⋯⋯⋯⋯⋯⋯⋯ 88

第3項　FLACフォーマット処理ツール概要 ⋯⋯⋯⋯⋯⋯⋯⋯ 89

第2節　libFLAC APIを適用した再生プログラミング処理 ⋯⋯⋯⋯ 90

第1項　libFLACによる再生プログラミング構造 ⋯⋯⋯⋯⋯⋯ 90

第2項　再生処理に適用するlibFLAC API ⋯⋯⋯⋯⋯⋯⋯⋯ 91

第3節　FLAC再生プログラムの作成（標準read/write 転送）⋯⋯⋯ 95

第1項　要求仕様 ⋯⋯⋯⋯⋯⋯⋯⋯⋯⋯⋯⋯⋯⋯⋯⋯⋯⋯⋯ 95

第2項　実現性検討/プログラム構成 ⋯⋯⋯⋯⋯⋯⋯⋯⋯⋯⋯ 96

第3項　ソース・コード定義 ⋯⋯⋯⋯⋯⋯⋯⋯⋯⋯⋯⋯⋯⋯⋯ 97

第4項　実行プログラム生成/動作確認 ⋯⋯⋯⋯⋯⋯⋯⋯⋯ 106

第7章　マルチフォーマット再生プログラム ⋯⋯⋯⋯ 108

第1節　マルチフォーマット用ライブラリlibsndfileを適用した
　　　　再生プログラミング処理 ⋯⋯⋯⋯⋯⋯⋯⋯⋯⋯⋯⋯⋯ 108

第1項　libsndfile概要 ⋯⋯⋯⋯⋯⋯⋯⋯⋯⋯⋯⋯⋯⋯⋯⋯ 108

第2項　再生に適用するlibsndfile API ⋯⋯⋯⋯⋯⋯⋯⋯⋯ 108

第2節　マルチフォーマット再生プログラムの作成 （標準read/write 転送） ……… 110

第1項　要求仕様 ……… 110

第2項　プログラム構成 ……… 111

第3項　ソース・コード定義 ……… 112

第4項　実行プログラム生成/動作確認 ……… 116

第8章　GUI再生プログラム ……… 118

第1節　GUIツールによるプログラミング概要 ……… 118

第1項　GUIツール, FLTK ……… 118

第2項　FLTKおよびC++言語の基礎 ……… 118

第2節　GUI再生プログラムの作成 ……… 122

第1項　要求仕様 ……… 122

第2項　実現性検討/プログラム構成 ……… 123

第3項　ソース・コード定義 ……… 125

第4項　実行プログラム生成/動作確認 ……… 136

付録A　試験音源生成プログラム ……… 139

第1項　要求仕様 ……… 139

第2項　ソース・コード定義 ……… 139

第3項　実行プログラム生成/動作確認 ……… 142

参考資料 ……… 144

参考Web情報 ……… 145

おわりに ……… 146

さくいん ……… 147

著者紹介 ……… 151

本書は，トランジスタ技術2017年2月号～2017年9月号に連載した「高品位Linuxサウンド・アプリケーション・プログラミング超入門」を大幅に加筆・修正したものです．

第1章 ハイレゾ音源の再生

第1節 ハイレゾ音源の特徴

■第1項 ハイレゾ・オーディオ

本書執筆時点でハイレゾ・オーディオに関する国内外で共通的な標準規格は制定されていませんが，国内の関連組織が公表している基準によれば，次のような要件を満たす音源および録音再生機器を指すのが，大方の認識と言えるでしょう．

● ハイレゾ音源および録音再生機器の要件

- 標本化速度（周波数），および量子化ビット数のいずれもがCD（Compact Disk）の値（44.1kHz, 16ビット）を超えるディジタル音源であること．
- 96kHz，24ビット以上のFLAC/WAVEファイル・フォーマットに対して録音再生可能なこと．

本書の後半で作成する実例プログラムは，上記要件を包含する要求仕様を対象にします．

■第2項 ハイレゾ音源の特性

人間が知覚するサウンド（音響）の実態は，空気中を伝搬する波動です．この波動は時間的にも振幅的にも連続しています．サウンドを記録／再生するとき，時間および振幅の連続性を保持したまま，電気信号または磁気信号に変換・伝送して取り扱う場合，以下ではアナログ・サウンド信号と呼びます．

一方，時間軸および振幅軸の値を離散化して，電気信号または磁気信号に変換・伝送し，コンピュータで処理可能な数値に翻訳して取り扱う場合，以下ではディジタル・サウンド・データと呼びます．

ハイレゾの元の語源であるハイレゾリューション を直訳すると「高分解能」となります．この意味するところは，アナログ・サウンド信号をディジタル化する際の基本的な信号処理の特性に帰着します．

アナログ・サウンド信号は時間分解能に関わる「標本化（sampling）」と，振幅分解能に関わる「量子化（quantization）」の各信号処理を経て，ディジタル・サウンド・データに変換されます．

● 標本化（sampling）

標本化とは時間軸上で一定周期ごとにアナログ信号の標本値（sample）を抜き出す処理です．この周期のことを標本化周期（sampling period）または標本化間隔（sampling interval）と呼び，標本化の時間分解能に相当します．

標本化周期の逆数の値を標本化速度（sampling rate）または標本化周波数（sampling frequency）と呼び，標本化の頻度を示す尺度となります．標本化速度の単位は定義上，サンプル数／秒（sps）ですが，標本化周波数という別呼称からも連想されるように，慣習的にはHz，またはkHzで示されます．

図1-1にCD（標本化周波数44.1kHz）とハイレゾ音源（標本化周波数192kHz）の標本化波形を示します．CDの時間分解能が約22.7μsec（マイクロ秒）であるのに対して，ハイレゾ音源の時間分解能は，約5.21μsecと標本化周波数の比率に対応して時間軸上の分解能が高精細になっていることが分かります．

● 量子化（quantization）

　量子化とは，アナログ信号の振幅値を有限桁数幅の数値で近似する処理です．この数値を2進数で表現する場合，有限桁数幅のことを量子化ビット数といいます．また，近似する最小単位を量子または量子化ステップ・サイズといいます．**図1-2**に量子化によりアナログ信号を近似する場合の概念図を示します．

　一般に量子化ビット数を1ビット増やすと量子の値は，2分の1になり，高精細な振幅の近似が達成されます．従って，CD（16ビット）とハイレゾ音源（24ビット）を比較すると，フルスケール振幅値を1.0に正規化した場合，CDの量子の値が約3.1×10^{-5}であるのに対して，ハイレゾ音源の量子の値は，約1.2×10^{-7}となり，振幅値の近似精度が一段と向上します．

> **Note**
> - 実際の標本化および量子化は，A/D変換器（Analog to Digital Converter）で処理されます．一方，ディジタル・サウンドからアナログ・サウンドへの変換は，D/A変換器（Digital to Analog Converter）で処理されます．
> - "resolution"は「解像度」と訳される場合もありますが，オーディオ処理との親和性を考えて，本文では「分解能」としました．
> - 「量子化ビット数」は「ビット深度」と呼ばれることもあります．

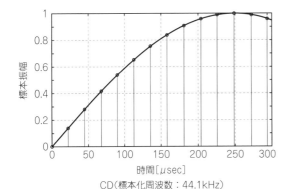
CD（標本化周波数：44.1kHz）

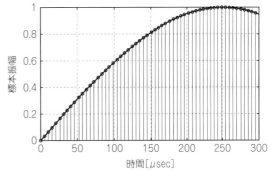
ハイレゾ音源（標本化周波数：192kHz）

図1-1 時間分解能の比較．CD（左）とハイレゾ音源（右）

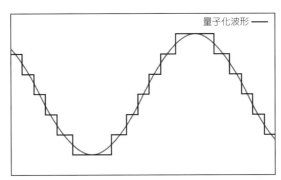

図1-2 量子化によるアナログ信号振幅値近似の概念
連続的な振幅値を離散的な値で近似する

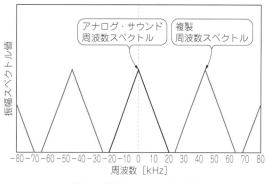 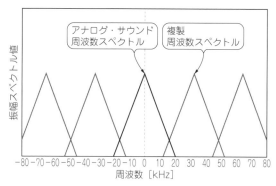

（a）標本化周波数＞アナログ信号帯域×2　　　　　　　　　　（b）標本化周波数＜アナログ信号帯域×2

図1-3　標本化周波数と周波数スペクトルの関係
標本化周波数＜アナログ信号帯域×2の場合，重複ひずみが発生する

■第3項　標本化速度とディジタル信号特性の関係

　標本化によるディジタル信号特性への影響は，周波数スペクトル（frequency spectrum）上で明確に理解されます．

　ここに周波数スペクトルとは，横軸を周波数，縦軸を振幅値とする2次元座標で表現される信号特性の一つです．ディジタル信号処理工学によると，標本化後のディジタル信号の周波数スペクトルは，標本化前のアナログ信号の周波数スペクトルの複製が周波数軸上，標本化周波数間隔で繰り返し出現する特性に変換されることが立証されています．

　図1-3に標本化後の周波数スペクトルの例を示します．（a）のスペクトル特性では，元のアナログ信号スペクトル，および各複製スペクトル間で帯域の重複がないのに対して，（b）のスペクトル特性では重複が生じています．この重複はアナログ信号に戻した際にも解消されないため，信号歪となって品質の劣化をもたらします．

　このような重複による信号歪を回避するためには，標本化周波数を元のアナログ信号の帯域の2倍以上に設定することが必要です．この関係は「Nyquist-Shannon標本化定理」と呼ばれています．

　この定理によると，標本化周波数がCDよりも高いハイレゾ・オーディオでは，重複歪を生じない信号処理上の実効的な帯域幅が広くなるという利点があります．

> **Note**
> - 図1-3では，周波数スペクトル分布を簡単な模式図で表現していますが，実際のサウンド信号のスペクトルは，もっと複雑な形状になり，時間的にも変化する分布となります．
> - 一般的に音声の可聴帯域は約20kHzと言われており，これに「Nyquist-Shannon標本化定理」を適用すると，可聴帯域での重複歪回避のためには，少なくとも40kHz以上の標本化周波数による標本化が必要になることが分かります．
> - 高い標本化周波数はハイレゾ・オーディオの信号処理上の利点となりますが，このことと聴感上の影響，効果に対する客観的な評価は切り分けて考える必要があるのは言うまでもありません．
> - 標本化周波数が異なるディジタル・サウンド・データをコンピュータ内で扱う場合，同一時間長（例えば1秒間）のデータを保管するバッファ・メモリのサイズが異なります．標本化周波数がn倍になれば，バッファサイズもn倍必要になります．

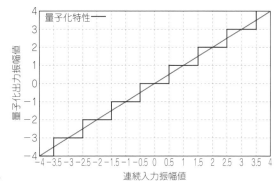

図1-4 量子化入出力特性
入力振幅値が小数第1位で四捨五入される

■第4項　量子化とディジタル信号特性の関係

　量子化は，算術演算の観点からは，「数値の丸め」処理に相当し，例えば入力振幅値を小数第1位で四捨五入する場合，次の関係式で表すことができます．

A_a：量子化入力振幅
A_q：量子化出力振幅

とした場合，

$$A_q = \begin{cases} n & (n \leq A_a < n+0.5) \\ n+1 & (n+0.5 \leq A_a < n+1) \end{cases}$$
$$(n = 0, \pm 1, \pm 2, \cdots)$$

となります．この量子化入出力関係を図1-4に示します．

　量子化により生じる丸め誤差のことを，量子化誤差と呼びます．この量子化誤差が±0.5の値の範囲で確率的に一様に分布する雑音源であると仮定した場合に量子化雑音(quantization noise)と呼び，実効値換算の信号対量子化雑音比（デシベル）は，次式で表せることが知られています．

N：量子化ビット数［ビット］
SNR_{dB}：信号対量子化雑音比［dB］

とした場合，

$SNR_{dB} = 6.02 \times N + 1.76$

となり，$N = 16$のCDの場合は$SNR_{dB} = 98.08$dBとなります．
　また，$N = 24$のハイレゾ音源の場合，$SNR_{dB} = 146.24$dBとなります．すなわち，量子化ビット数が増大すれば信号対量子化雑音比も増大することが分かります．

> **Note**
> ・ここで算定したのは，ディジタル信号処理系における信号対雑音比であり，スピーカやアンプを含む実際の全オーディオ再生系における信号対雑音比とは異なります．

■第5項　サウンド信号のPCM符号化

　標本化および量子化されたサウンド信号は，2進数に符号化されます．特に振幅値に正比例した2進数値で表現する方式は，PCM(Pulse Code Modulation)符号化と呼ばれ，ディジタル・オーディオで取り扱う最も基本的なものです．サウンド標本を16ビットPCMおよび24ビットPCMで符号化した場合の符号値の一部を表1-1に示します．

表1-1 PCM符号化の例

最大振幅を±1として小数点で表した値	16ビット整数値(10進)	24ビット整数値(10進)	16ビットPCM符号	24ビットPCM符号
0.5455349	17875	4576277	0100010111010011	010001011101010000010101
0.42100351	13795	3531632	0011010111100011	001101011110001101110000
0.28794045	9434	2415419	0010010011011010	001001001101101100111011
0.14904227	4883	1250256	0001001100010011	000100110001001111010000
0.00712373	233	59758	0000000011101001	000000001110100101101110
− 0.13493916	− 4421	− 1131951	1110111010111011	111011101011101001010001
− 0.27426751	− 8986	− 2300722	1101110011100110	110111001110010011001110
− 0.40803781	− 13370	− 3422868	1100101111000110	110010111100010101101100
− 0.5335392	− 17482	− 4475650	1011101110110110	101110111010100111111110
− 0.6482284	− 21240	− 5437733	1010110100001000	101011010000110110111011

> **Note**
> - 表1-1のPCM符号は，10進数の標本値を左端のMSB（Most Significant Bit）から右端のLSB（Least Significant Bit）まで降順に2の補数表現による2進数に展開したものです．
> - PCMをADPCM（Adaptive Differential PCM）などの類似する名称の方式と区別するためにLPCM（Linear PCM）と呼ぶ場合もありますが，本書ではPCMをLPCMと同義として扱います．

■第6項 PCMサウンドの基本的なデータ・ストリーム構造

　同じ標本化時刻における複数のチャネルのPCMサウンド・データを一まとまりのデータ単位として識別する場合，これを「サンプル・フレーム（sample frame）」と呼びます．モノラル・サウンドの場合は，1サンプル・フレームは単1チャネルのみから構成されますが，ステレオ・サウンドの場合は，左右2チャネルの標本データを一まとまりとして，1サンプル・フレームを構成します．ファイルまたはメモリ上で同一サンプル・フレーム内の各チャネル・データを交互に直列配置して多重化することを「インターリーブ（interleave）」と呼びます．サウンド・データをインターリーブ方式で配置した例を図1-5に示します．

　インターリーブ形式は，サウンド・ストリームに対して複数チャネル・データを同等に処理する場合に適していますが，チャネルごとに独立した信号処理が必要な場合には，各チャネルを独立に配置する非インターリーブ形式が適用されます．

ch_m：第mチャネルのサウンド・データ　　t_n：標本化時刻＝n×標本化周期

図1-5　インターリーブによるサウンド・ストリーム
同一時刻のチャネル・データが直列に配置される

> **Note**
> - 「サンプル・フレーム」を単に「フレーム」と呼ぶ場合もありますが，本書では後述する「FLACフレーム」と混同しないように，意味合いを示す接頭語を付加しました．
> - ステレオ・サウンドにインターリーブを適用する場合，左右チャネルの配置順序は，ch_1＝L（左チャネル），ch_2＝R（右チャネル）となります．

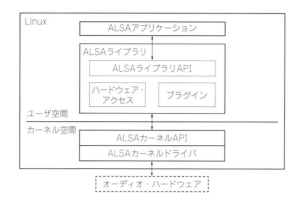

図1-6 PCオーディオ・システムの基本構成
USBインターフェース経由で高性能のD-A変換器を持つUSB-DACに接続する

表1-2 PCMサウンド・ストリーム（ステレオ）の転送速度

標本値化周波数 [kHz]	16ビットPCM [Mbps]	24ビットPCM [Mbps]	32ビットPCM [Mbps]
44.1	1.4112	2.1168	2.8224
48	1.536	2.304	3.072
88.2	2.8224	4.2336	5.6448
96	3.072	4.608	6.144
176.4	5.6448	8.4672	11.2896
192	6.144	9.216	12.288

第2節　ハイレゾ音源を再生するためのPCオーディオ・システム

■第1項　PCオーディオ・システムの要件

　ハイレゾ音源を再生するために，ALSAを利用したPCオーディオ・システムの基本的な構成を図1-6に示します．

　ハイレゾ音源の定義から，PCオーディオ・システムでは，標本化周波数96kHz，量子化ビット数24ビット以上のディジタル・サウンド信号をアナログ・サウンド信号に変換できなければなりません．パソコンに内蔵されているサウンド・デバイスではハイレゾ音源に対応しない場合があります．そこで，USBインターフェースでパソコンと接続し，ハイレゾのPCM音源をアナログ・サウンド信号に変換可能な高性能のD-A変換器を持つUSB-DACという装置を使います．

　この場合，PCとUSB-DACの間は標本化周波数96kHz，量子化ビット数24ビット以上のPCMサウンド・ストリームの転送が可能でなければなりません．表1-2にPCMサウンド・ストリームの転送速度を示します．

　なお，本書では転送速度の単位表記として，bpsはビット/秒を，Bpsはバイト/秒を示すように区分します．

■第2項　USBオーディオ・インターフェース

　USB規格（USB specification）は，2000年に公開されたリビジョン2.0から，従来より高いデータ転送速度に対応したハイスピード（high-speed）仕様が規定されました（表1-3）．この仕様により，後述するように24ビット，192kHzのハイレゾPCM音源の再生が可能となりました．

表1-3　USBの転送速度（Mbps）の仕様

ロースピード (low - speed)	1.5
フルスピード (full - speed)	12
ハイスピード (high - speed)	480

ハイレゾ音源の再生にはハイスピード仕様が適用される

表1-4　デバイス・クラス・コード

ベース・クラス	デバイス区分
00h	クラス情報をインターフェース・デスクリプタで使用
01h	オーディオ
02h	通信およびCDC制御
03h	ヒューマン・インターフェース・デバイス
05h	物理
06h	イメージ
07h	プリンタ
08h	ストレージ
09h	ハブ
0Ah	CDCデータ
0Bh	スマート・カード
0Dh	セキュリティ
0Eh	ビデオ
0Fh	ヘルスケア
10h	オーディオ／ビデオ・デバイス
11h	ビルボード・デバイス・クラス
DCh	診断デバイス
E0h	無線コントローラ
EFh	Miscellaneous
FEh	アプリケーション固有
FFh	ベンダ固有

● USBデバイス・クラス

　USBで接続されるデバイスは，ハブ，オーディオ，ヒューマン・インタフェースなどの区分に基づくデバイス・クラス（device class）に分類されます．これらデバイス・クラスの機能特性を識別する情報として，**表1-4**に示すようなクラス・コードが付与されます．

Note

- 実際のクラス・コード情報は3バイトで構成され，ベース・クラスに加えてサブクラスおよびプロトコルの各コードが設定されます．
- 本書で作成する実例プログラムの動作確認に適用したUSB DACのベース・クラス・コードは"FEh"に設定されています．

● USBオーディオ・デバイス・クラス

　2006年に公開されたUSBオーディオ・デバイス・クラス（audio device class）のリビジョン2.0仕様では，USB 2.0版のハイスピードが利用できるようになり，これによりハイレゾ音源を含む多チャンネル，高ビット・レートのオーディオの転送が可能になりました．

● オーディオ・データのハイスピード転送

　オーディオ・データをハイスピート転送する場合，アイソクロナス転送（isochronous transfer）と呼ばれる方式により，125μsecの時間幅で定義されるマイクロフレーム（microframe）単位で処理されます．アイソクロナス転送は，USB仕様が定義する4つの転送タイプの1つで，オーディオで最も大事なデータ・ストリームを欠損なく高信頼に転送するために適用される方式です．

　このハイスピードのアイソクロナス転送では，**図1-7**に示すように1マイクロフレーム当たり，1024バイトのデータ・パケットを1つから最大で7つまで転送できる仕様となっています．

図1-7 ハイスピードのアイソクロナス転送の仕様
（最大値ケースの場合）

　USB-DACで一般的に適用されているパケット数1の場合の転送帯域は，

ハイスピード転送帯域 = 1024（バイト）× 1（1/microframe）× 8000（microframes/sec）
　　　　　　　　　 = 8192000（Bps）
　　　　　　　　　 = 8.192（MBps）
　　　　　　　　　 = 65.536（Mbps）

となり，前述したハイレゾPCM音源24ビット，192kHz，2チャネルの実時間転送速度を十分カバーできる帯域が保証されていることが分かります．

> **Note**
> - USB仕様が定義する転送タイプは，アイソクロナスの他にコマンド/ステータス送受に適用される制御（control），ヒューマン・インタフェース機器に適用される割り込み（interrupt），非周期的に発生する大きなデータに適用されるバルク（bulk）があります．
> - フルスピードのアイソクロナス転送の最大転送帯域は，8.184MbpsでハイレゾPCM音源24ビット，192kHz，2チャネルの実時間転送速度をカバーすることはできません．

● デスクリプタ

　USBデバイスは一般にデスクリプタ（Descriptor）と呼ばれる定められたフォーマットのデータ構造により，その属性が規定されます．ここでは，USB-DACを使用するPCオーディオ・システムを理解する上で，基本的な情報を含むデスクリプタを抜粋して説明します．

▶ デバイス・デスクリプタ（Device Descriptor）

　USBデバイスの一般的な情報を提供するデスクリプタで1つのUSBデバイスは1つだけこのデスクリプタを保有します．このデスクリプタのbcdUSBフィールドは，USB仕様のリリース番号を示します．

▶ 構成デスクリプタ（Configuration Descriptor）

　デバイスの消費電力など，デバイス構成情報を提供するデスクリプタで，1つの構成は複数のインターフェースを提供します．

▶ インターフェース連合デスクリプタ（Interface Association Descriptor）

　同一のオーディオ・インターフェース集合（audio interface collection）に属するインターフェースに関する情報を提供します．

▶ 標準インターフェース・デスクリプタ（Standard Interface Descriptor）

　特定のデバイス構成に属する，インターフェースに関する情報を提供するためのデスクリプタです．例えば，bInterfaceSubClassフィールドは，オーディオ制御，オーディオ・ストリーミング，MIDIストリーミングなどのオーディオ・インターフェースのサブクラス区分を示します．

▶ オーディオ制御インターフェース・デスクリプタ（Audio Control Interface Descriptor）

　標準インターフェース・デスクリプタがインターフェース自身の特性を示すのに対して，オーディオ機能の内部に関わる情報を提供するオーディオ・クラス固有のデスクリプタで，例えばヘッダ部にあるbcdADCフィールドは，オーディオ・デバイス・クラス仕様のリリース番号を示し，オーディオ機能とデスクリプタが，このバージョンの仕様に適合（compliant）していることを示します．

▶ オーディオ・ストリーミング・インターフェース・デスクリプタ（Audio Streaming Interface Descriptor）

オーディオ・ストリームの特性に関する情報を含むデスクリプタで，例えばbmFormatsフィールドは，PCMなどのオーディオ・データ・フォーマットを示します．また，bNrChannels, bBitResolution 各フィールドは，オーディオ・ストリームのチャネル数，および量子化ビット数を示します．

● デスクリプタの内容確認

Linuxでは，コマンド lsusb　-v を実行することで，USBデバイスが返すデスクリプタの内容を確認できます．**リスト1-1**にUSB-DAC接続時の実行結果から主要なデスクリプタ部分を抜粋したものを示します．

このように，デスクリプタを読み取れば，USB-DACのサウンド・インタフェース仕様（USB規格のリビジョン，USBオーディオ・デバイス・クラス のリビジョン，サウンド・フォーマット，サウンド・チャネル数，量子化ビット数など）を確認できます．

● PCオーディオ・システムのソフトウェア構造

USB-DACを用いたPCオーディオ・システム（Linux）のソフトウェア構造は，**図1-8**のようになります．

リスト1-1　デスクリプタの内容例

```
$  lsusb  -v ↵

Device Descriptor:
  bLength                18
  bDescriptorType         1
  bcdUSB               2.00  ◀──────────────  USB 2.0 仕様
  bDeviceClass          239 Miscellaneous Device
  bDeviceSubClass        2?
  bDeviceProtocol         1 Interface Association
  bMaxPacketSize0        64
  ……．（以下省略）
```

```
AudioControl Interface Descriptor:
      bLength                9
      bDescriptorType       36
      bDescriptorSubtype     1 (HEADER)
      bcdADC              2.00  ◀──────────  オーディオ・デバイス・クラス 2.0
  ……．（以下省略）
```

```
AudioStreaming Interface Descriptor:
      bLength               16
      bDescriptorType       36
      bDescriptorSubtype     1 (AS_GENERAL)
      bTerminalLink          1
      bmControls          0x05
        Active Alternate Setting Control (read-only)
        Valid Alternate Setting Control (read-only)
      bFormatType            1
      bmFormats   0x00000001
        PCM  ◀──────────────────────────────  PCMフォーマット
      bNrChannels            2  ◀──────────  ステレオ
  ……．（以下省略）
```

```
AudioStreaming Interface Descriptor:
      bLength                6
      bDescriptorType       36
      bDescriptorSubtype     2 (FORMAT_TYPE)
      bFormatType            1 (FORMAT_TYPE_I)
      bSubslotSize           4
      bBitResolution        24  ◀──────────  24ビット対応
  ……．（以下省略）
```

第1章　ハイレゾ音源の再生

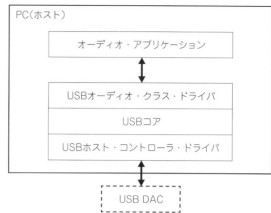

図1-8
PCオーディオ・システムのLinuxにおけるソフトウェア構造
USBドライバ経由でUSB-DACを駆動する

リスト1-2　USBデバイス・ドライバの表示例

```
$ lsusb  -t ↵

…（途中省略）
/:  Bus 01.Port 1: Dev 1, Class=root_hub, Driver=ehci-pci/8p, 480M
    |_ Port 2: Dev 2, If 0, Class=Mass Storage, Driver=usb-storage, 480M
    |_ Port 6: Dev 4, If 0, Class=Audio, Driver=snd-usb-audio, 480M
    |_ Port 6: Dev 4, If 1, Class=Audio, Driver=snd-usb-audio, 480M
```

> USB audio class driver
> 480Mbpsでclass2に適合

ここに，USBデバイス・ドライバ階層構造の各コンポーネントの役割は，次のようになります．

▶USBオーディオ・クラス・ドライバ

USBバス上のオーディオ・デバイス・クラスで規定されたデバイス（**図1-8**ではUSB-DAC）を接続するためドライバです．PCプラットフォームには依存せず，Linuxではオーディオ・クラス2に対応するドライバ・モジュールがdefaultでカーネルに付属します．このクラス・ドライバを利用することでハードウェア・メーカは独自のデバイス・ドライバを開発することなくUSBオーディオ・デバイスをホストPCに接続できます．

▶USBコア

カーネルのサブシステムで，USBバス仕様を実装するドライバです．

▶USBホスト・コントローラ・ドライバ

PCプラットフォームに依存し，USB制御ハードウェアに対するドライバです．

● USBドライバの内容確認

Linuxでは，コマンドlsusb -tを実行することにより，USBデバイス・ドライバを表示できます．**リスト1-2**にUSB-DAC接続時の実行結果の一部を例示します．

オーディオ・クラスに対応するドライバsnd-usb-audioが，480Mbpsに対応していること，すなわちオーディオ・クラス2に対応していることが確認できます．

> **Note**
> - コマンドlsusb -tを実行したときにDriverとして表示されるuhci, ohci, ehciなどは，ホスト・コントローラのインターフェース区分UHCI（Universal Host Controller Interface），OHCI（Open Host Controller Interface），EHCI（Extended Host Controller Interface）を識別する名称を示します．
> - これらホスト・コントローラ・インターフェースの中で，EHCIのみがUSB 2.0のハイスピード転送をサポートします．

第2章 ALSAアプリケーション・プログラミング・インターフェース概要

第1節 ALSAの構成概要

■第1項 ALSAの全体構造

　ALSA（Advance Linux Sound Architecture）は，Linuxにおける標準的なサウンド処理基盤です．Linuxでは，UNIXにおける考え方と同様に，OSの中核となるソフトウェア要素の集合を「カーネル」と呼びます．カーネルは，ハードウェアとのインターフェースやメモリ管理，タスク・スケジュール，ファイル管理などを行います．カーネル・プログラムの動作する領域をカーネル空間と言い，一方アプリケーション・プログラムなどのカーネル以外のソフトウェア要素が動作する領域をユーザー空間と言います．

　ALSAには，カーネル・プログラムとアプリケーション・プログラムの間を仲介するプログラミング・インターフェースがライブラリの形式で用意されており，ALSAライブラリAPI（Application Programming Interface）と呼ばれています．このALSAライブラリAPIを使えば，カーネルやハードウェアの詳細を意識しないで，オーディオ処理アプリケーションを作成できます．アプリケーション・プログラムから見たALSAのアーキテクチャの概念を**図2-1**に示します．

● ALSAカーネル・ドライバのバージョン確認

　Linuxコマンド cat /proc/asound/version を実行すると，**リスト2-1**に示すようにALSAカーネル・ドライバのバージョンを表示できます．

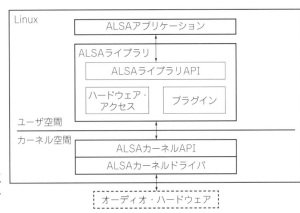

図2-1
ALSAアーキテクチャ階層構成
ALSAライブラリ経由でハードウェアの詳細仕様に依存しないアプリケーションを作成できる

リスト2-1　ALSAカーネル・ドライバのバージョン確認

```
$  cat /proc/asound/version ↵
Advanced Linux Sound Architecture Driver Version k3.13.0-76-generic.
```

> **Note**
> ● ALSAプロジェクトは，アプリケーション・プログラマに対して，次に示す理由によりALSAカーネル・ドライバと直接インターフェースするカーネルAPIよりは，ライブラリAPIの使用を推奨しています．
> （a）ALSAライブラリは，カーネルAPIの機能特性を100％提供することに加えてアプリケーション・コードをより簡単・明瞭にする使い勝手を提供していること
> （b）将来の修復や互換コードは，カーネル・ドライバの代わりにライブラリ・コードに設定される可能性があること

■第2項　ALSAのハードウェア・デバイス構成

ALSAライブラリを適用したアプリケーション・プログラムを作成する際に有用な，ALSAの主要概念を説明します．

これら概念の説明は，抽象的になる傾向があるので，ここではLinuxのユーティリティ・コマンド，およびALSAが提供するユーティリティ・プログラム利用して，各概念の具体例を確認しながら進めていきます．なお，以下に示す具体例では，USB DACを接続したPCオーディオ・システムにおける確認結果を示します．

● ALSAユーティリティ

UbuntuなどのALSAをサウンド処理の基盤とするLinuxでは，通常次のようなコマンドライン・ユーティリティ・プログラムが付属提供されます．

```
alsactl      ：サウンド・カード設定管理ユーティリティ
aplay/arecord：再生/録音ユーティリティ（.wav, .voc, .auファイル）
amixer       ：ミキサ
alsamixer    ：CUI（Character User Interface）ミキサ
amidi        ：MIDI送受信ユーティリティ
alsaloop     ：PCM ループバック
speaker-test ：スピーカ試験用トーン・ジェネレータ
iecset       ：IEC958 ステータス・ビット表示/設定ユーティリティ
```

これらユーティリティ・プログラムの中，本書ではaplayをサウンド再生に関わる機能の検証用に使用します．aplayには多くのコマンド・オプションが用意されていますが，本書で使用するオプションは次の3つです．

```
-l, --list-devices：サウンド・カードおよびディジタル・オーディオ・デバイスを一覧表示するオ
                     プション
-D, --device=NAME ：PCMデバイスをデバイス名で指定するオプション
-v, --verbose     ：PCMデバイスの構造と設定を表示するオプション
```

● 試験音源

本書では，サウンド再生に関わる種々の動作確認のために，次に示す仕様の音叉音を模擬した試験音源を適用します．

▶ ファイル・フォーマット
WAVE, FLAC, AIFF

▶試験音源特性

標本化速度：$f_s = 44100 \sim 192000\,\mathrm{Hz}$

正弦波周波数：$F_0 = 1000\,\mathrm{Hz}$

再生時間：$T = 5\,\mathrm{sec}$

正弦波振幅初期値：$A_s = 1.0\,(0\,\mathrm{dB})$

正弦波振幅最終値：$A_e = 0.0001\,(-80\,\mathrm{dB})$

音源標本値：$s(n)$

$s(n) = (A_e/A_s)^{n/Tf_s} \times A_s \times \sin(2\pi(nF_0/f_s))\,(n = 0, 1, 2, \cdots\cdots \leq Tf_s)$

量子化ビット数Q_n：16，24，32ビット（FLAC形式は24ビットまで）

チャネル数：2

▶試験音源ファイル名規則

　WAVEフォーマット：`tone2_`Q_n`_f`$_s$`.wav`

　FLACフォーマット ：`tone2_`Q_n`_f`$_s$`.flac`

　AIFFフォーマット ：`tone2_`Q_n`_f`$_s$`.aiff`

例 tone2_24_192000.wav：標本化速度192000Hz，量子化ビット数24ビットのWAVEフォーマットの試験音源を示す．

この試験音源の波形の一部を**図2-2**に示します．

● オーディオ・ハードウェア・デバイス

　Linuxコマンド`lspci | grep -i audio`を実行すると，**リスト2-2**の例のようにPCプラットフォームに装備されているオーディオ・ハードウェア・デバイスを表示することができます．

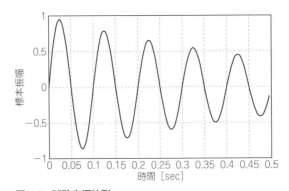

図2-2　試験音源波形
振幅が指数関数的に減衰する正弦波音源としてサウンド・ソフトウェアの動作試験に適用できる

リスト2-2　オーディオ・ハードウェア・デバイスの確認

```
$ lspci | grep -i audio ⏎
00:1b.0 Audio device: Intel Corporation NM10/ICH7 Family High Definition Audio
Controller (rev 02)
```

● ALSAカード／デバイス階層構成

ALSAは，ハードウェア・オーディオ・デバイスを「カード（card）」，「デバイス（device）」，「サブデバイス（subdevice）」の階層構成として取り扱います．同階層の最上位層のカードは，物理的なハードウェア・サウンド・カードと一対一に対応し，各カードは，製品IDなどを示す文字列，またはゼロから始まる数値インデックスで表現されます．

Linuxコマンド cat /proc/asound/cards を実行すると，**リスト2-3**のようにサウンド・カード情報を表示することができます．

各カードのデバイスは，ゼロから始まるインデックスで識別され，ALSAのハードウェア・アクセス実行は，おおむねこのデバイス・レベルで行われます．通常，オーディオ信号を送出したり読み込んだりするためには，サウンド・カードとデバイスを指定することで十分です．

サブデバイスは，ALSAが識別できる最も精細なハードウェア・オブジェクトです．具体的な例としては，1つのデバイスが各チャネルに対して別々のサブデバイスを持つ場合などが考えられます．サブデバイスは，デバイスと同様にゼロから始まるインデックスで識別されます．

ユーティリティ・コマンド aplay -l を実行すると，**リスト2-4**のようにサウンド・カードおよびディジタル・オーディオ・デバイス情報を表示することができます．

リスト2-3 サウンド・カード情報の確認

```
$  cat /proc/asound/cards ↵

0 [Intel          ]: HDA-Intel - HDA Intel
                     HDA Intel at 0xd0340000 irq 43
1 [HPA4           ]: USB-Audio - FOSTEX USB AUDIO HP-A4
                     FOSTEX FOSTEX USB AUDIO HP-A4 at usb-0000:00:1d.7-5, high speed
```

太字はUSB-DAC製品固有名詞

リスト2-4 ALSAカード／デバイス階層構成の確認

```
$  aplay  -l ↵

**** ハードウェアデバイス PLAYBACK のリスト ****
カード 0: Intel [HDA Intel], デバイス 0: STAC9200 Analog [STAC9200 Analog]
  サブデバイス: 1/1
  サブデバイス #0: subdevice #0
カード 1: HPA4 [FOSTEX USB AUDIO HP-A4], デバイス 0: USB Audio [USB Audio]
  サブデバイス: 1/1
  サブデバイス #0: subdevice #0
```

太字はUSB-DAC製品固有名詞

Note

- 図2-2に示す試験音源の作成方法は付録A（p.139）で説明します．
- PCIバスを持たないPCでは，Linuxコマンド sudo lshw | grep -i audio を実行すると，リスト2-2と同様にオーディオ・ハードウェア・デバイス情報が次のように表示されます．

  詳細：Audio device

  製品：NM10/ICH7 Family High Definition Audio Controller

  性能：removable audio cd-r cd-rw dvd dvd-r dvd-ram

- Linuxコマンド cat /proc/asound/pcm を実行すると，**リスト2-4**と同様にディジタル・オーディオ・デバイス情報が次のように表示されます．

  ```
  00-00: STAC9200 Analog : STAC9200 Analog : playback 1 : capture 1
  01-00: USB Audio : USB Audio : playback 1
  ```

■第3項　ALSAデバイス・ドライバ

オーディオ・ハードウェア・デバイスは，オーディオ専用のデバイス・ドライバにより制御されます．Linuxでは，慣習的に /dev ディレクトリ配下に置かれたデバイス・ファイルを通して，デバイス・ドライバにアクセスします．

Linuxコマンド ls -al /dev/snd を実行すると，**リスト2-5**に示すようにオーディオ・デバイスに関わるデバイス・ファイルの一覧が表示されます．

リスト2-5の表示において，ファイル属性を示す c は，オーディオ・デバイスがキャラクタ型デバイス，すなわち通常のファイルと同様にバイト・ストリームとして取り扱われるデバイスであることを示しています．

日時エントリの直前の2つの番号は，それぞれメジャー番号，マイナー番号と呼ばれるもので，前者はデバイス・ドライバを識別し，後者は参照デバイスを識別します．また，デバイス・ファイル名の後に続く C の直後の番号はカード番号，D の直後の番号は，デバイス番号，ファイル名末尾の c は「録音（capture）」，p は「再生（playback）」を示します．例えば pcmC0D0p は，カード番号0，デバイス番号0のpcm再生デバイスにアクセスするデバイス・ファイルであることを示します．

Linuxコマンド lsmod | grep snd を実行すると，**リスト2-6**のようにオーディオ・デバイスに関わるデバイス・ドライバ・モジュールの一覧が表示されます．

リストは，左端から以下の項目で構成されています．

リスト2-5　オーディオ関連デバイス・ファイルの確認

```
$  ls -al /dev/snd ⏎

…（省略）
crw-rw----+  1 root audio 116,  6  1月 29 09:38 controlC0
crw-rw----+  1 root audio 116,  8  1月 29 10:12 controlC1
crw-rw----+  1 root audio 116,  5  1月 29 09:38 hwC0D0
crw-rw----+  1 root audio 116,  4  1月 29 09:38 hwC0D1
crw-rw----+  1 root audio 116,  3  1月 29 09:38 pcmC0D0c
crw-rw----+  1 root audio 116,  2  1月 29 10:21 pcmC0D0p
crw-rw----+  1 root audio 116,  7  1月 29 10:48 pcmC1D0p
crw-rw----+  1 root audio 116,  1  1月 29 09:38 seq
crw-rw----+  1 root audio 116, 33  1月 29 09:38 timer r
```

リスト2-6　オーディオ関連デバイス・ドライバの確認

```
$  lsmod | grep snd ⏎

snd_usb_audio          128870  2
snd_usbmidi_lib         24367  1 snd_usb_audio
snd_hda_codec_idt       53276  1
snd_hda_intel           42794  6
snd_hda_codec          168250  2 snd_hda_codec_idt,snd_hda_intel
snd_hwdep               13272  2 snd_usb_audio,snd_hda_codec
snd_pcm                 85501  4 snd_usb_audio,snd_hda_codec,snd_hda_intel
snd_page_alloc          14230  2 snd_pcm,snd_hda_intel
snd_seq_midi            13132  0
snd_seq_midi_event      14475  1 snd_seq_midi
snd_rawmidi             25135  2 snd_usbmidi_lib,snd_seq_midi
snd_seq                 55383  2 snd_seq_midi_event,snd_seq_midi
snd_seq_device          14137  3 snd_seq,snd_rawmidi,snd_seq_midi
snd_timer               28584  2 snd_pcm,snd_seq
snd                     60939 27 snd_usb_audio,snd_hwdep, snd_timer, snd_hda_codec_idt,
snd_pcm,snd_seq, snd_rawmidi, snd_usbmidi_lib,snd_hda_codec,snd_hda_intel,snd_seq_
device,snd_seq_midi
soundcore               12600  1 snd
```

リスト2-7 デバイス・ドライバ・モジュール内容の確認例

```
$ modinfo snd ⏎

filename:       /lib/modules/3.13.0-76-generic/kernel/sound/core/snd.ko
alias:          char-major-116-*
license:        GPL
description:    Advanced Linux Sound Architecture driver for soundcards.
...
...
depends:        soundcore
...
```

▶ モジュール名

デバイス・ドライバのモジュール名を示します.

▶ サイズ

デバイス・ドライバ・モジュールがメモリ上に占めるバイト単位のサイズを示します.

▶ 使用数

使用されているデバイス・ドライバ・モジュールのインスタンス数を示します.

▶ 使用オブジェクト名

デバイス・ドライバ・モジュールを使用するオブジェクトの名称. 通常このオブジェクト名はデバイス名,
ファイル・システム識別子, 別のモジュール名などとなります.

例えば, 項目 soundcore 12600 1 snd は, デバイス・ドライバ・モジュールsoundcoreは, 12600
バイトのサイズ, インスタンス数1で, モジュール snd が使用することを示しています.

各モジュールの概要は, Linuxコマンド modinfo モジュール名 により確認できます. 例えば, modinfo
snd のコマンドを実行すると**リスト2-7**のようになります.

Note

● Linuxコマンド cat /proc/asound/devices を実行すると, リスト2-5と同様にオーディオ関連
デバイス情報が次のように表示されます.

```
 1:           : sequencer
 2: [ 0- 0]: digital audio playback
 3: [ 0- 0]: digital audio capture
 4: [ 0- 1]: hardware dependent
 5: [ 0- 0]: hardware dependent
 6: [ 0]    : control
 7: [ 1- 0]: digital audio playback
 8: [ 1]    : control
33:           : timer
```

第2節 ALSAライブラリの基本概念

ALSAライブラリは, 次のようなインターフェースをサポートします.

▶ 制御インターフェース

基本的な制御にアクセスするインターフェースです. このインターフェースには, 制御やデータ構造の変
更に関する通知も含みます.

25

▶ PCMインターフェース

ディジタル・オーディオの録音・再生を管理するインターフェースです.

▶ Raw MIDI（Musical Instrument Digital Interface）インターフェース

MIDIライン上の生（加工なし）データをread/writeするためのインターフェースです.

▶ タイマー・インターフェース

サウンド・カードのタイミング・ハードウェアにアクセスするインターフェースです.

▶ シーケンサー・インターフェース

高水準のMIDIプログラミングをサポートするインターフェースです.

▶ ミキサー・インターフェース

サウンド信号の経路とボリューム・レベルを制御するサウンド・カード・デバイスに対するインターフェースです.

ディジタル・オーディオを対象とする本書では，以降PCMインターフェースと同インターフェースに含まれるC言語のAPI関数について詳細に説明します.

> **Note**
>
> ● PCMインターフェース以外のインターフェースの説明は，本書の範囲外です.
>
> これらの詳細はAdvanced Linux Sound Architecture（ALSA）project homepage（http://www.alsa-project.org/main/index.php/Main_Page）で説明されています.

■ 第1項　PCMインターフェース

ALSAライブラリは，ユーザー空間のライブラリであり，第1節で説明したカーネル・プログラムの内容を抽象化したインターフェースを提供することにより，オーディオ・アプリケーション開発を容易にするものです．これらインターフェースの中で，オーディオ再生アプリケーションに適用するインターフェースがPCM（ディジタル・オーディオ）インターフェースです.

ALSAにおけるPCMとは，パルス符号変調（Pulse Code Modulation）のことではなく，時間軸上で周期的に標本化されたサウンド・サンプルに対するディジタル・オーディオ処理インターフェースを表す概念です.

■ 第2項　PCMデバイスとプラグイン

ALSAライブラリでは，アプリケーション・プログラムからアクセスする仮想的なデバイスを構成ファイルで定義します．この仮想的なデバイスのことをPCMデバイスと呼びます．PCMデバイスをサポートするソフトウェアの実体は，PCMプラグインと呼ばれる一連のプログラムです．PCMプラグインは，PCMデバイスの機能特性を拡張し，例えば標本化速度の変換，チャネル間でのサンプルの複製などを自動的に処理します．換言するとアプリケーション・プログラムからは，PCMデバイスを経由して，PCMプラグインを参照します.

本書で使用するALSAの標準的なPCMデバイスは，次の2つです.

▶ hwデバイス

hwプラグインを用いるデバイスです．このプラグインは，ALSAカーネル・ドライバと直接通信し，変換なしの生の通信を行います．もしもアプリケーション・プログラムがハードウェアでサポートしないPCMパラメータ（標本化速度，チャンネル数，サンプル・フォーマット）を指定するならば，hwプラグインはエラーを戻します.

hwデバイスは，通常コロンの後にカード番号，デバイス番号をコンマで区切って表現します．例えばhw:0,0は，カード番号0，デバイス番号0のhwデバイスを示します.

リスト2-8　hwデバイスによる再生実行結果（16ビット，44.1kHzの試験音源を正常再生）

```
$  aplay  -Dhw:0,0  '/home/WAVE/tone2_16_44100.wav' ⏎

再生中 WAVE '/home/WAVE/tone2_16_44100.wav' : Signed 16 bit Little Endian, レート 44100 Hz,
ステレオ
```

リスト2-9　hwデバイスによる再生実行結果（24ビット，192kHzハイレゾ試験音源でフォーマット・エラー発生）

```
$  aplay  -Dhw:0,0  '/home/WAVE/tone2_24_192000.wav' ⏎
再生中 WAVE '/home/WAVE/tone2_24_192000.wav' : Signed 24 bit Little Endian in 3bytes, レート
192000 Hz, ステレオ
aplay: set_params:1233: サンプルフォーマットが使用不可能
Available formats:
- S16_LE
- S32_LE
```

リスト2-10　plughwデバイスによる再生実行結果例

```
$  aplay  -Dplughw:0,0  '/home/WAVE/tone2_24_192000.wav' ⏎

再生中 WAVE '/home/WAVE/tone2_24_192000.wav' : Signed 24 bit Little Endian in 3bytes, レー
ト 192000 Hz, ステレオ
```

　次に，コマンドaplayの-Dオプションでhwデバイスを指定した場合の実行結果を2つ示します（**リスト2-8**，**リスト2-9**）．一番目の例は16ビット，44.1kHzの試験音源を正常に再生した場合です．二番目の例は24ビット，192kHzのハイレゾ試験音源を再生した場合で，ハードウェアのサンプル・フォーマットに適合しないため，端末画面にエラーを出力表示します．この場合，ハードウェアで適用可能なサンプル・フォーマットは，S16_LE, S32_LEのみであることが示されています．

▶plughwデバイス

　plugプラグインを用いるデバイスです．このプラグインにより，必要時にサウンド・データ・フォーマット，チャンネル数，標本化速度などを変換処理できます．

　plughwデバイスも，hwデバイスと同様に，通常はコロンの後にカード番号，デバイス番号をコンマで区切って表現します．例えば，plughw:1,0は，カード番号1，デバイス番号0のplughwデバイスを示します．

　次に，前に示したhwデバイスでエラーが出力されたのと同一の試験音源に対して，plughwデバイスを指定した場合の実行結果を示します（**リスト2-10**）．

　hwデバイスがエラーを返した音源に対して，plughwデバイスでは正常に再生できました．これはplugプラグインがオーディオ・ハードウェア・デバイスのサンプル・フォーマット仕様に適合するように変換処理した結果です．この処理を確認するために，aplayに-vオプションを付けて実行した結果を**リスト2-11**に示します．

　リスト2-11の結果から，原音のサンプル・フォーマット S24_3LE がplughwデバイスにより，ハードウェアで再生可能なサンプル・フォーマットS32_LEに変換されていることが分かります．

リスト2-11　plughwデバイスによるサンプル・フォーマット変換の確認

```
$  aplay  -Dplughw:0,0  -v  '/home/WAVE/tone2_24_192000.wav' ↵

再生中 WAVE '/home/WAVE/tone2_24_192000.wav' : Signed 24 bit Little Endian in 3bytes, レー
ト 192000Hz, ステレオ
Plug PCM: Linear conversion PCM (S32_LE) ◀─────  サンプル・フォーマットをS32_LEに変換することを示す
Its setup is:
  stream        : PLAYBACK
  access        : RW_INTERLEAVED
  format        : S24_3LE  ◀────── 音源のサンプル・フォーマットを示す
  subformat     : STD
  channels      : 2
  rate          : 192000
  exact rate    : 192000 (192000/1)
  msbits        : 24
…(途中省略)
Slave: Hardware PCM card 0 'HDA Intel' device 0 subdevice 0
Its setup is:
  stream        : PLAYBACK
  access        : MMAP_INTERLEAVED
  format        : S32_LE  ◀────── 変換後のサンプル・フォーマットを示す
  subformat     : STD
  channels      : 2
  rate          : 192000
  exact rate    : 192000 (192000/1)
  msbits        : 32
…(以下省略)
```

第3節　ALSA構成ファイルの枠組み

　ALSAライブラリの標準的な構成は，/usr/share/alsa/alsa.confファイルで設定されます．このファイルはライブラリ導入時に一体となって組み込まれ，管理者以外の一般ユーザー権限では書き込みできません．通常，ALSAライブリを適用したアプリケーションは，このalsa.confの設定で正しく動作します．

　ただし，ユーザー側で特別な機能特性を持つ構成にカスタマイズするためには，$HOME/.asoundrcが利用できます（$HOMEはユーザーのホーム・ディレクトリを示す）．ALSAアプリケーションを開始すると，alsa.confが読まれ，次に.asoundrcが読まれます．

● ALSA標準構成のカスタマイズ例

　ここでは，標本化速度を48kHzに変換するPCMデバイスを構成する場合の例を示します．このカスタマイズ構成は，リスト2-12に示す.asoundrcで実現されます．ここでは，PCMプラグインを利用するために，まず仮想的なslaveデバイスを定義する必要があります．rate 48000の項が，slaveデバイスの標本化速度を指定します．このslaveデバイスslを組み込んだPCMデバイスrate_convertが次のセクションで定義

リスト2-12　.asoundrcファイルの設定例

```
pcm_slave.sl{      # slave デバイスの定義
   pcm "hw:0,0"
   rate 48000
}
pcm.rate_convert{   # pcm デバイスの定義
   type plug
   slave sl
}
```

されます.

　この.asoundrcファイルをホーム・ディレクトリに置いて,aplayで44.1kHzの音源を再生してみます.端末からaplay -D rate_convert -v '44.1kHzの音源ファイル'を実行した結果を**リスト2-13**に示します.PCMデバイスrate_convertにより,音源の標本化速度44.1kHzが48kHzに変換されて出力されていることが分かります.

> ## Note
>
> - 構成ファイルのフォーマットの説明は本書の範囲外ですが,入れ子や配列割り当てのような最近のデータ記述様式を取り込んだものとなっています.本文で説明した.asoundrcファイルの例にも幾通りかの記述様式のバリエーションがあり,これら記述様式の文法の詳細はALSAプロジェクトのWebサイトで説明されています.

リスト2-13　ALSAカスタマイズ構成による実行結果

```
$  aplay -D rate_convert -v  '/home/WAVE/tone2_16_44100.wav' ⏎

再生中 WAVE '/home/WAVE/tone2_16_44100.wav' : Signed 16 bit Little Endian, レート 44100 Hz,
ステレオ
Plug PCM: Rate conversion PCM (48000, sformat=S16_LE)   ◀── 標本化速度を 48kHz に変換することを示す
Converter: libspeex (builtin)
Protocol version: 10002
Its setup is:
  stream       : PLAYBACK
  access       : RW_INTERLEAVED
  format       : S16_LE
  subformat    : STD
  channels     : 2
  rate         : 44100   ◀─────────── 音源の標本化速度を示す
  exact rate   : 44100 (44100/1)
  msbits       : 16
…(途中省略)
Slave: Hardware PCM card 0 'HDA Intel' device 0 subdevice 0
Its setup is:
  stream       : PLAYBACK
  access       : MMAP_INTERLEAVED
  format       : S16_LE
  subformat    : STD
  channels     : 2
  rate         : 48000   ◀─────────── 変換後の標本化速度を示す
  exact rate   : 48000 (48000/1)
  msbits       : 16
…(以下省略)
```

29

第3章 ALSAライブラリによるPCMサウンド再生の要点

第1節　PCMサウンド再生処理の流れ

■第1項　再生におけるALSAとアプリケーションの役割

　ALSAライブラリを使用したPCMサウンド再生処理のフローは，図3-1のようになります．図3-1でハッチングを施した処理は，ALSAライブラリの提供するAPI関数（以降，ALSA API）が主体的に行います．一方白抜きの処理は，アプリケーションもしくは，アプリケーションがALSA以外の汎用ユーティリティ・プログラムを使用して行います．各処理の概要は，次のようになります．

▶サウンド・フォーマット情報の取得処理
　WAVE形式，FLAC形式等のサウンド・ファイルのデータを解析し，サウンド・フォーマットに関する各種情報（標本化速度，チャネル数，量子化ビット数など）を取得します．

▶PCMデバイスのオープン処理
　ALSA APIにより，PCMデバイスをオープンします．

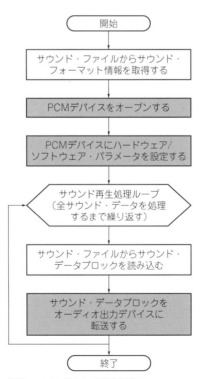

図3-1　PCMサウンド再生処理フロー
灰色部分の処理にはALSA APIを適用する

▶ ハードウェア/ソフトウェア・パラメータの設定処理

ALSA APIにより，サンプル・フォーマットや標本化速度などのPCMデバイス仕様に適合するようにパラメータを設定します．

▶ サウンド・データ読込み処理

サウンド・ファイルからブロック単位でデータを読み込みます．このブロック単位のサウンド・データの塊を，便宜上データブロックと呼ぶことにします．

▶ サウンド・データ出力処理

ALSA APIにより，サウンド・データブロックを出力デバイスに転送します．

第2節　PCMデバイスのオープン/クローズ

PCMデバイスのオープンは，**表3-1**に示すALSA APIにより実行します．例えば，コード`snd_pcm_open(&handle, "plughw:0,0", SND_PCM_STREAM_PLAYBACK, 0);`は，標準PCMデバイス`"plughw:0,0"`を再生ストリーム用としてブロック・モードでオープンし，PCMハンドルを取得することを示します．`mode`を`0`に設定するブロック・モードはデフォルトであり，オープン対象のリソースがすでに別のアプリケーションで使用されている場合，そのリソースが解放されるまで呼び出し元をブロックします．他方，`mode`を`1`またはマクロ定数`SND_PCM_NONBLOCK`に設定する非ブロック・モードは，いかなる場合も呼び出し元をブロックせず，リソースが使用できないときは，負のエラー・コード（`-EBUSY`）を戻します．

いったん，PCMデバイスをオープンすると，以降同デバイスには，取得したPCMハンドルでアクセスすることが可能になります．その意味で，PCMデバイス・オープン処理は，標準的なファイル・オープン処理により，ファイル・ハンドルを取得するのと類似の概念として理解できます．

オープンしているPCMデバイスをクローズするには，**表3-2**に示すALSA APIを実行します．

表3-1　PCMデバイスをオープンするALSA API（snd_pcm_open）

API	`int snd_pcm_open( snd_pcm_t **pcm,`
	`                   const char *name,`
	`                   snd_pcm_stream_t stream,`
	`                   int mode )`

説明	PCMデバイスをオープンする
引き数	pcm　　　APIの実行により戻されるPCMハンドル name　　PCMハンドルのASCII識別名 stream　ストリームの指定 mode　　オープン・モード
戻り値	成功時は0を，失敗時は負のエラー・コードを戻す
型定義	typedef struct _snd_pcm snd_pcm_t（アプリケーションからは不透明なPCMハンドルの構造体）
列挙型 (stream)	enum snd_pcm_stream_t { SND_PCM_STREAM_PLAYBACK = 0, SND_PCM_STREAM_CAPTURE, SND_PCM_STREAM_LAST = SND_PCM_STREAM_CAPTURE }

表3-2　PCMデバイスをクローズするALSA API（snd_pcm_close）

API	`int snd_pcm_close (snd_pcm_t *pcm)`
説明	PCMデバイスをクローズして関連する全てのリソースを解放する
引き数	pcm　　　PCMハンドル
戻り値	成功時は0を，失敗時は負のエラー・コードを戻す

第3節　PCMデバイス関連のパラメータ設定

■第1項　パラメータ構成空間

　ALSAライブラリでは，ディジタル・サウンドの特性を規定するパラメータ（標本化速度，チャネル数，サンプル・フォーマットなど）構成を多次元の構成空間として取り扱います．例えば，ある1つの次元が，標本化速度に対応し，別の1つの次元がサンプル・フォーマットに対応するといった概念です．

　一般的に，特定のサウンド・カードでは，構成空間に属するパラメータの全ての組み合わせを実現することが不可能な場合もあれば，各パラメータを独立に設定できない可能性もあります．ALSAライブラリを用いれば，このような複雑で微妙なパラメータを構成空間から順次自動的に設定することができます．

　PCMデバイス関連のパラメータは，ハードウェア・パラメータとソフトウェア・パラメータに大別されます．以下，順に説明します．

● 構成コンテナの割り当て

　PCMデバイスの構成パラメータを設定する前に，パラメータ情報の受け皿（いわゆる「コンテナ」）となる変数にリソースを割り当てる必要があります．そのためには，**表3-3**と**表3-4**に示すALSAライブラリのマクロ定義を使用します．

　これらのマクロは定義が示すように，実体はCの標準関数alloca，およびmemsetを実行します．

■第2項　ハードウェア・パラメータの設定

　ALSAライブラリでハードウェア・パラメータを設定する手順は**図3-2**のようになります．

　最初にPCMデバイスに設定可能な全パラメータを含むハードウェア構成空間を定義するために，**表3-5**に示すALSA APIを実行します．また，必須の手順ではありませんが，PCMデバイスで再標本化することによる標本化速度変換を可能にするかどうかを設定するためには，**表3-6**に示すALSA APIを適用することができます．

● アクセス・タイプ

　次に，ALSAライブラリでは，サウンド・データを転送する際の転送方式およびインターリーブ／非インターリーブの区分を示すアクセス・タイプを指定する必要があります．アクセス・タイプの設定には，**表3-7**に

表3-3　ハードウェア構成空間コンテナにリソースを割当てるALSA マクロ(snd_pcm_hw_params_alloca)

マクロ	`#define  snd_pcm_hw_params_alloca(ptr)  __snd_alloca(ptr, snd_pcm_hw_params)`
	`#define  __snd_alloca(ptr, type)  do { *ptr＝(type##_t *) alloca(type##_sizeof());`
	`memset(*ptr, 0, type##_sizeof()); } while (0)`

説明	PCMデバイスのハードウェア構成空間コンテナにリソースを割り当てる
引き数	`ptr`　　戻されるコンテナへのポインタ
型定義	`typedef struct  _snd_pcm_hw_params  snd_pcm_hw_params_t`(アプリケーションからは不透過なハードウェア構成空間コンテナの構造体)

表3-4　ソフトウェア構成コンテナにリソースを割当てるALSA マクロ(snd_pcm_sw_params_alloca)

マクロ	`#define snd_pcm_sw_params_alloca(ptr)  __snd_alloca(ptr, snd_pcm_sw_params)`
説明	PCMデバイスのソフトウェア構成コンテナにリソースを割り当てる
引き数	`ptr`　　戻されるコンテナへのポインタ
型定義	`typedef struct  _snd_pcm_sw_params  snd_pcm_sw_params_t`(PCMソフトウェア構成コンテナ)

第3章　ALSAライブラリによるPCMサウンド再生の要点

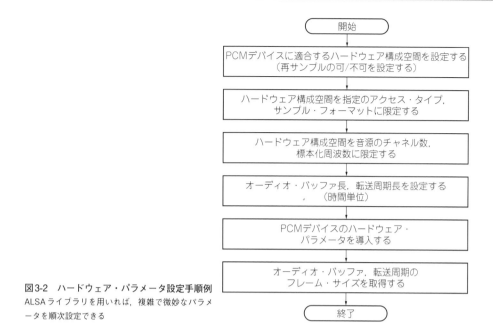

図3-2　ハードウェア・パラメータ設定手順例
ALSAライブラリを用いれば，複雑で微妙なパラメータを順次設定できる

表3-5　全ハードウェア構成空間を定義するALSA API(snd_pcm_hw_params_any)

API	`int snd_pcm_hw_params_any ( snd_pcm_t *pcm,` `                             snd_pcm_hw_params_t *params )`
説明	デバイスpcmに設定可能な全パラメータで構成空間paramsを充填する
引き数	pcm　　　PCMハンドル params　ハードウェア構成空間
戻り値	成功時は0を，失敗時は負のエラー・コードを戻す

表3-6　標本化速度変換の可不可を設定するALSA API(snd_pcm_hw_params_set_rate_resample)

API	`int snd_pcm_hw_params_set_rate_resample ( snd_pcm_t *pcm,`
	`                             snd_pcm_hw_params_t *params,`
	`                             unsigned int val )`

説明	デバイスpcmの構成空間を実際のハードウェアの標本化周波数に限定するか否かを設定する
引き数	pcm PCMハンドル，params ハードウェア構成空間，val 0＝標本化速度変換不可，1＝標本化速度変換可能(デフォルト)
戻り値	成功時は0を，失敗時は負のエラー・コードを戻す

表3-7　アクセス・タイプを設定するALSA API(snd_pcm_hw_params_set_access)

API	`int snd_pcm_hw_params_set_access ( snd_pcm_t *pcm,`
	`                             snd_pcm_hw_params_t *params,`
	`                             snd_pcm_access_t access )`

説明	ハードウェア構成空間を指定のアクセス・タイプに限定する
引き数	pcm　　　PCMハンドル params　ハードウェア構成空間 access　アクセス・タイプ
戻り値	成功時は0を，失敗時(構成空間が空の場合)は負のエラー・コードを戻す

列挙型
(access)
	`enum snd_pcm_access_t {`
	`SND_PCM_ACCESS_MMAP_INTERLEAVED = 0, SND_PCM_ACCESS_MMAP_NONINTERLEAVED,`
	`SND_PCM_ACCESS_MMAP_COMPLEX, SND_PCM_ACCESS_RW_INTERLEAVED,`
	`SND_PCM_ACCESS_RW_NONINTERLEAVED, SND_PCM_ACCESS_LAST = SND_PCM_ACCESS_RW_NONINTERLEAVED`
	`}`

示すALSA APIを適用します.

　例えば, 本書の後半で作成する実例プログラムの1つでは, アクセス・タイプSND_PCM_ACCESS_RW_INTERLEAVEDを適用します. この設定は, 転送方式が標準read/write転送で, サウンド・サンプルの並びがインターリーブ方式のアクセス・タイプであることを示します. 転送方式の詳細および他のアクセス・タイプについては後述します.

● サンプル・フォーマット
　サンプル・フォーマットは, サウンド・データのビット列の格納方式を規定します. ALSAがサポートするサンプル・フォーマットは表3-8に示すように列挙子として定義されます.

　表中で, LEはリトル・エンディアンを示し, BEはビッグ・エンディアンを示す記号です. エンディアンはバイト列の記憶媒体への配置順序を規定する考え方で, 最下位バイトから最上位バイトに向けてデータを配置する方式をリトル・エンディアン (Little Endian) と呼びます. 逆に, 最上位バイトから最下位バイトに向けてデータを配置する方式をビッグ・エンディアン (Big Endian) と呼びます. リトル・エンディアンはIntel系CPUのメモリ配置方式で採用されています. 一方ビッグ・エンディアンはMotorola/PowerPC/Sun系のCPUで採用されています. 後述するように, WAVEファイルに対するデータ・バイト列の配置順序には, リトル・エンディアン方式が適用されています.

　アプリケーションが指定するサンプル・フォーマットをハードウェア構成空間に含めるためには, 表3-9に示すALSA APIを適用して設定します. 一方, 特定のサンプル・フォーマットが再生PCMデバイスに適用可能かどうかを検証するためには, 表3-10に示すALSA APIを適用します. また, サンプル・フォーマットをユーザが理解しやすい名称の文字列に変換するためには, 表3-11に示すALSA APIを適用します.

　次に, 音源に付随するパラメータとALSAがサウンド出力デバイスにサウンド・データを転送するために使用するバッファに関するパラメータの内容と設定方法を説明します.

● 音源付随パラメータ
　音源に付随するパラメータでALSAライブラリに対して設定するのは次のパラメータです.

▶ チャネル数
　サウンドのチャネル数を示すパラメータです. 後述する実例プログラムは, モノラルおよびステレオ音源を対象として説明します. 音源のチャネル数を設定するには, 表3-12に示すALSA APIを適用します.

▶ 標本化速度/サンプル・フレーム速度
　すでに説明したように, 標本化速度はサウンドを時間的に標本化する頻度で, 単位はHzまたはkHzで示されます. ちなみに, 複数チャネル・データのまとまりであるサンプル・フレームの頻度も定義から明らかなように, 標本化速度と同じ数値となり単位はサンプル・フレーム数/秒となります. 実例プログラムでは, ハイレゾ音源に適用可能な標本化速度, 44.1〜192kHzを対象として説明します.

　ハードウェア構成空間に音源の標本化速度を設定するには, 表3-13に示すALSA APIを適用します.

第3章 ALSAライブラリによるPCMサウンド再生の要点

表3-8 ALSAサンプル・フォーマットの定義

列挙子	フォーマット
SND_PCM_FORMAT_UNKNOWN	未定義
SND_PCM_FORMAT_S8	符号付き8ビット
SND_PCM_FORMAT_U8	符号無し8ビット
SND_PCM_FORMAT_S16_LE	符号付き16ビット，リトル・エンディアン
SND_PCM_FORMAT_S16_BE	符号付き16ビット，ビッグ・エンディアン
SND_PCM_FORMAT_U16_LE	符号無し16ビット，リトル・エンディアン
SND_PCM_FORMAT_U16_BE	符号無し16ビット，ビッグ・エンディアン
SND_PCM_FORMAT_S24_LE	符号付き24ビット，リトル・エンディアンで32ビット・ワードの低位3バイトを用いる
SND_PCM_FORMAT_S24_BE	符号付き24ビット，ビッグ・エンディアンで32ビット・ワードの低位3バイトを用いる
SND_PCM_FORMAT_U24_LE	符号無し24ビット，リトル・エンディアンで32ビット・ワードの低位3バイトを用いる
SND_PCM_FORMAT_U24_BE	符号無し24ビット，ビッグ・エンディアンで32ビット・ワードの低位3バイトを用いる
SND_PCM_FORMAT_S32_LE	符号付き32ビット，リトル・エンディアン
SND_PCM_FORMAT_S32_BE	符号付き32ビット，ビッグ・エンディアン
SND_PCM_FORMAT_U32_LE	符号無し32ビット，リトル・エンディアン
SND_PCM_FORMAT_U32_BE	符号無し32ビット，ビッグ・エンディアン
SND_PCM_FORMAT_FLOAT_LE	浮動小数32ビット，リトル・エンディアン，値域 − 1.0から1.0
SND_PCM_FORMAT_FLOAT_BE	浮動小数32ビット，ビッグ・エンディアン，値域 − 1.0から1.0
SND_PCM_FORMAT_FLOAT64_BE	浮動小数64ビット，リトル・エンディアン，値域 − 1.0から1.0
SND_PCM_FORMAT_FLOAT64_BE	浮動小数64ビット，ビッグ・エンディアン，値域 − 1.0から1.0
SND_PCM_FORMAT_IEC958_SUBFRRAME_LE	EIC-958，リトル・エンディアン
SND_PCM_FORMAT_IEC958_SUBFRRAME_BE	EIC-958，ビッグ・エンディアン
SND_PCM_FORMAT_MU_LAW	Mu-Law
SND_PCM_FORMAT_A_LAW	A-Law
SND_PCM_FORMAT_IMA_ADPCM	Ima-ADPCM
SND_PCM_FORMAT_MPEG	MPEG
SND_PCM_FORMAT_GSM	GSM
SND_PCM_FORMAT_SPECIAL	Special
SND_PCM_FORMAT_S24_3LE	符号付き24ビット，リトル・エンディアンで3バイト・フォーマット
SND_PCM_FORMAT_S24_3BE	符号付き24ビット，ビッグ・エンディアンで3バイト・フォーマット
SND_PCM_FORMAT_U24_3LE	符号無し24ビット，リトル・エンディアンで3バイト・フォーマット
SND_PCM_FORMAT_U24_3BE	符号無し24ビット，ビッグ・エンディアンで3バイト・フォーマット
SND_PCM_FORMAT_S20_3LE	符号付き20ビット，リトル・エンディアンで3バイト・フォーマット
SND_PCM_FORMAT_S20_3BE	符号付き20ビット，ビッグ・エンディアンで3バイト・フォーマット
SND_PCM_FORMAT_U20_3LE	符号無し20ビット，リトル・エンディアンで3バイト・フォーマット
SND_PCM_FORMAT_U20_3BE	符号無し20ビット，ビッグ・エンディアンで3バイト・フォーマット
SND_PCM_FORMAT_S18_3LE	符号付き18ビット，リトル・エンディアンで3バイト・フォーマット
SND_PCM_FORMAT_S18_3BE	符号付き18ビット，ビッグ・エンディアンで3バイト・フォーマット
SND_PCM_FORMAT_U18_3LE	符号無し18ビット，リトル・エンディアンで3バイト・フォーマット
SND_PCM_FORMAT_U18_3BE	符号無し18ビット，ビッグ・エンディアンで3バイト・フォーマット
SND_PCM_FORMAT_S16	符号付き16ビット，CPUエンディアン
SND_PCM_FORMAT_U16	符号無し16ビット，CPUエンディアン
SND_PCM_FORMAT_S24	符号付き24ビット，CPUエンディアン
SND_PCM_FORMAT_U24	符号無し24ビット，CPUエンディアン
SND_PCM_FORMAT_S32	符号付き32ビット，CPUエンディアン
SND_PCM_FORMAT_U32	符号無し32ビット，CPUエンディアン
SND_PCM_FORMAT_FLOAT	浮動小数32ビット，CPUエンディアン
SND_PCM_FORMAT_FLOAT64	浮動小数64ビット，CPUエンディアン
SND_PCM_FORMAT_IEC958_SUBFRAME	IEC-958，CPUエンディアン

表3-9　サンプル・フォーマットを設定するALSA API(snd_pcm_hw_params_set_format)

API	`int snd_pcm_hw_params_set_format( snd_pcm_t *pcm,`
	`                                  snd_pcm_hw_params_t *params,`
	`                                  snd_pcm_format_t format)`

説明	1つのサンプル・フォーマットだけを含むようにハードウェア構成空間を限定する
引き数	`pcm`　　　PCMハンドル `params`　ハードウェア構成空間 `format`　サンプル・フォーマット
戻り値	成功時は0を，失敗時は負のエラー・コードを戻す

列挙型
(format)
	`enum  snd_pcm_format_t {`
	`  SND_PCM_FORMAT_UNKNOWN = -1, SND_PCM_FORMAT_S8 = 0, SND_PCM_FORMAT_U8,`
	`  SND_PCM_FORMAT_S16_LE,SND_PCM_FORMAT_S16_BE,`
	`  SND_PCM_FORMAT_U16_LE, SND_PCM_FORMAT_U16_BE,`
	`  SND_PCM_FORMAT_S24_LE,SND_PCM_FORMAT_S24_BE,`
	`  SND_PCM_FORMAT_U24_LE, SND_PCM_FORMAT_U24_BE,`
	`  SND_PCM_FORMAT_S32_LE,SND_PCM_FORMAT_S32_BE,`
	`  SND_PCM_FORMAT_U32_LE, SND_PCM_FORMAT_U32_BE,`
	`  SND_PCM_FORMAT_FLOAT_LE,SND_PCM_FORMAT_FLOAT_BE,`
	`  SND_PCM_FORMAT_FLOAT64_LE, SND_PCM_FORMAT_FLOAT64_BE,`
	`  SND_PCM_FORMAT_IEC958_SUBFRAME_LE,SND_PCM_FORMAT_IEC958_SUBFRAME_BE,`
	`  SND_PCM_FORMAT_MU_LAW, SND_PCM_FORMAT_A_LAW, SND_PCM_FORMAT_IMA_ADPCM,`
	`  SND_PCM_FORMAT_MPEG, SND_PCM_FORMAT_GSM,`
	`  SND_PCM_FORMAT_SPECIAL = 31, SND_PCM_FORMAT_S24_3LE = 32,`
	`  SND_PCM_FORMAT_S24_3BE, SND_PCM_FORMAT_U24_3LE, SND_PCM_FORMAT_U24_3BE,`
	`  SND_PCM_FORMAT_S20_3LE,SND_PCM_FORMAT_S20_3BE,`
	`  SND_PCM_FORMAT_U20_3LE, SND_PCM_FORMAT_U20_3BE,`
	`  SND_PCM_FORMAT_S18_3LE,SND_PCM_FORMAT_S18_3BE,`
	`  SND_PCM_FORMAT_U18_3LE, SND_PCM_FORMAT_U18_3BE,`
	`  SND_PCM_FORMAT_G723_24,SND_PCM_FORMAT_G723_24_1B, SND_PCM_FORMAT_G723_40,`
	`  SND_PCM_FORMAT_G723_40_1B, SND_PCM_FORMAT_DSD_U8,`
	`  SND_PCM_FORMAT_DSD_U16_LE, SND_PCM_FORMAT_LAST = SND_PCM_FORMAT_DSD_U16_LE,`
	`  SND_PCM_FORMAT_S16 = SND_PCM_FORMAT_S16_LE, SND_PCM_FORMAT_U16 = SND_PCM_FORMAT_U16_LE,`
	`  SND_PCM_FORMAT_S24 = SND_PCM_FORMAT_S24_LE, SND_PCM_FORMAT_U24 = SND_PCM_FORMAT_U24_LE,`
	`  SND_PCM_FORMAT_S32 = SND_PCM_FORMAT_S32_LE, SND_PCM_FORMAT_U32 = SND_PCM_FORMAT_U32_LE,`
	`  SND_PCM_FORMAT_FLOAT = SND_PCM_FORMAT_FLOAT_LE,`
	`  SND_PCM_FORMAT_FLOAT64 = SND_PCM_FORMAT_FLOAT64_LE,`
	`  SND_PCM_FORMAT_IEC958_SUBFRAME = SND_PCM_FORMAT_IEC958_SUBFRAME_LE}`

表3-10　サンプル・フォーマットの適用可能性を検証するALSA API(snd_pcm_hw_params_test_format)

API	`int snd_pcm_hw_params_test_format ( snd_pcm_t *pcm,`
	`                                    snd_pcm_hw_params_t *params,`
	`                                    snd_pcm_format_t format )`

説明	サンプル・フォーマットがPCMデバイスに適用可能かどうかを検証する
引き数	`pcm`　　　PCMハンドル `params`　ハードウェア構成空間 `format`　サンプル・フォーマット
戻り値	適用可能時は0を，適用不可時は負のエラー・コードを戻す

表3-11　サンプル・フォーマット定数を文字列に変換するALSA API(snd_pcm_format_name)

API	`const char *snd_pcm_format_name ( snd_pcm_format_t format )`
説明	PCMサンプル・フォーマット名を取得する
引き数	`format`　サンプル・フォーマット
戻り値	PCMサンプル・フォーマットのASCII名

表3-12　チャネル数を設定するALSA API(snd_pcm_hw_params_set_channels)

API	int snd_pcm_hw_params_set_channels (snd_pcm_t　　　　　*pcm, 　　　　　　　　　　　　　　　　　　　　　　　snd_pcm_hw_params_t　*params, 　　　　　　　　　　　　　　　　　　　　　　　unsigned int　　　　　val)
説明	ハードウェア構成空間を指定のチャネル数に限定する
引き数	pcm　　　　PCMハンドル params　　ハードウェア構成空間 val　　　　チャネル数
戻り値	成功時は0を，失敗時(構成空間が空の場合)は負のエラー・コードを戻す

表3-13　標本化速度を設定するALSA API(snd_pcm_hw_params_set_rate_near)

API	int snd_pcm_hw_params_set_rate_near　(snd_pcm_t　　　　　*pcm, 　　　　　　　　　　　　　　　　　　　　snd_pcm_hw_params_t　*params, 　　　　　　　　　　　　　　　　　　　　unsigned int　　　　　*val, 　　　　　　　　　　　　　　　　　　　　int　　　　　　　　　　*dir)
説明	ハードウェア構成空間を指定の標本化速度に最も近い値に限定する
引き数	pcm　　　　PCMハンドル params　　ハードウェア構成空間 val　　　　入力時は標本化速度要求値，戻り時は最も要求値に近い標本化速度の値 dir　　　　近似値が要求値より小さいか，等しいか，大きいかにより，-1，0，1
戻り値	成功時は0を，失敗時(構成空間が空の場合)は負のエラー・コードを戻す

転送周期1 データ・ブロック				転送周期2 データ・ブロック			
$frame_{1\_1}$	$frame_{1\_2}$	‥‥‥‥‥	$frame_{1\_1024}$	$frame_{2\_1}$	$frame_{2\_2}$	‥‥‥‥‥	$frame_{2\_1024}$

――――――――――――オーディオ・バッファ(2048サンプル・フレーム)――――――――――――

$frame_{m\_n}$：転送周期 m のデータブロックの n 番目サンプル・フレーム．この例では $m=1, 2, n=1～1024$ である

図3-3　オーディオ・バッファと転送周期の関係
バッファを分割した転送周期単位でデータを転送する

● ALSAオーディオ・バッファ関連パラメータ

ALSAライブラリは，アプリケーション・プログラムとハードウェア・デバイス間の通信を確実に実施するためにバッファを使用します．このアプリケーション・プログラム用のバッファを便宜上，オーディオ・バッファと呼ぶことにします．

オーディオ・バッファのサイズは，後述するようにALSAライブラリのAPIにより設定できます．通常このバッファサイズは大きくなり，1回の操作でバッファ内の全データを転送しようとすると無視できない時間遅延を生じる可能性があります．これを解決するために，ALSAではオーディオ・バッファを複数のデータブロックに分割し，このデータブロック単位でデータを転送するようにしています．このデータブロックを便宜上，転送周期(transfer period)と呼ぶことにします．

従って，通常サンプル・フレーム数単位で示されるオーディオ・バッファのサイズは，転送周期サイズの整数倍となります．例えば，バッファサイズが2048サンプル・フレームで2つの転送周期から構成されるオーディオ・バッファの場合，転送周期サイズは1024サンプル・フレームとなり，**図3-3**に示すような関係になります．

▶バッファ時間長/転送周期時間長

時間換算したオーディオ・バッファおよび転送周期のサイズで，一般的には次の関係式が成り立ちます．

表3-14　バッファ時間長の最大値を取得するALSA API(snd_pcm_hw_params_get_buffer_time_max)

API	int snd_pcm_hw_params_get_buffer_time_max (const snd_pcm_hw_params_t　*params, unsigned int　　　　　　　*val, int　　　　　　　　　　　*dir)
説明	ハードウェア構成空間からバッファ時間長の最大値を抽出する
引き数	params　　ハードウェア構成空間 val　　　　戻り時はバッファ時間長の最大値の近似値(μs) dir　　　　戻り値が正確な値より小さいか，等しいか，大きいかにより，-1, 0, 1
戻り値	成功時は0を，失敗時(構成空間が空の場合)は負のエラー・コードを戻す

表3-15　バッファ時間長を目標値に最も近い値に設定するALSA API(snd_pcm_hw_params_set_buffer_time_near)

API	int snd_pcm_hw_params_set_buffer_time_near (snd_pcm_t　　　　　　*pcm, snd_pcm_hw_params_t　*params, unsigned int　　　　　*val, int　　　　　　　　　*dir)
説明	ハードウェア構成空間をバッファ時間長の目標値に最も近い値に限定する
引き数	pcm　　　　PCM ハンドル params　　ハードウェア構成空間 val　　　　入力時はバッファ時間長の目標値．戻り時は目標値の近似値(μsec) dir　　　　近似値が目標値より小さいか，等しいか，大きいかにより，-1, 0, 1
戻り値	成功時は0を，失敗時(構成空間が空の場合)は負のエラー・コードを戻す

$$\text{バッファ時間長}(\mu\text{sec}) = \text{バッファサイズ}(\text{sample frames}) \div \text{サンプル・フレーム速度}(\text{sample frames/} \\ \text{sec}) \times 10^6 (\mu\text{sec/sec})$$

$$\text{転送周期時間長}(\mu\text{sec}) = \text{転送周期サイズ}(\text{sample frames}) \div \text{サンプル・フレーム速度}(\text{sample frames/} \\ \text{sec}) \times 10^6 (\mu\text{sec/sec})$$

　ALSAライブラリを利用するアプリケーション・プログラムでは，これらの時間長パラメータは次の手順で取得できます．

① ハードウェア構成空間からバッファ時間長の最大値を取得します．このために**表3-14**示すALSA APIを実行します．

② バッファ時間長を① で取得した最大値に最も近い値に設定します．このために**表3-15**に示すALSA APIを実行します．

③ ② で設定したバッファ時間長を複数に分割して，転送周期時間長の要求値を算出します．幾つに分割するかの目安となる値は，**リスト3-1**に示すようにaplay に -v オプションを付けてある試験音源を再生することにより確認できます．

　　このリストから，標本化速度192kHz，量子化ビット数24ビットの試験音源に対して，オーディオ・バッファは4つの転送周期単位のデータブロックに分割されることが確認できます．後に作成する実例プログラムでは，この確認結果を参考にして，転送周期時間長の目標値をバッファ時間長の4分の1として算出することにします．

④ 転送周期時間長を③ で取得した目標値に最も近い値に設定します．このために**表3-16**に示すALSA APIを実行します．

▶ ハードウェア・パラメータの導入

　これまで実行してきた一連のALSA API snd_pcm_hw_params_set_xxxxにより，ハードウェア構成空間上の各パラメータは単一の値に設定されました．このハードウェア構成空間のパラメータをPCMデバイスに導入してから，オーディオ・バッファおよび転送周期のサイズを取得します．PCMデバイスにパラメータを導入するためには，**表3-17**に示すALSA APIを実行します．

　APIの説明に「…デバイスを準備する．」とありますが，具体的にはこのAPIの呼び出しが成功すると自動

第3章　ALSAライブラリによるPCMサウンド再生の要点

リスト3-1　オーディオ・バッファおよび転送周期のサイズの確認

```
$ aplay -Dplughw:1,0 -v '/home/WAVE/tone2_24_192000.wav'

再生中 WAVE '/home/WAVE/tone2_24_192000.wav' : Signed 24 bit Little Endian in 3bytes, レート 192000 Hz, ステレオ
…(途中省略)
Slave: Hardware PCM card 1 'FOSTEX USB AUDIO HP-A4' device 0 subdevice 0
…(途中省略)
 buffer_size : 96000
 period_size : 24000
 period_time : 125000
…(以下省略)
```

バッファサイズは96000サンプル・フレーム

転送周期サイズは24000サンプル・フレーム. この場合はバッファサイズの4分の1

転送周期時間長は125000 μsec

表3-16　転送周期時間長を目標値に最も近い値に設定するALSA API(snd_pcm_hw_params_set_period_time_near)

API	int snd_pcm_hw_params_set_period_time_near (snd_pcm_t　　　　 *pcm, 　　　　　　　　　　　　　　　　　　　　　　　　　 snd_pcm_hw_params_t *params, 　　　　　　　　　　　　　　　　　　　　　　　　　 unsigned int　　　 *val, 　　　　　　　　　　　　　　　　　　　　　　　　　 int　　　　　　　 *dir)
説明	ハードウェア構成空間を転送周期時間長の目標値に最も近い値に限定する
引き数	pcm　　　　 PCMハンドル params　　 ハードウェア構成空間 val　　　　 入力時は転送周期時間長の目標値. 戻り時は目標値の近似値(μsec) dir　　　　 近似値が目標値より小さいか, 等しいか, 大きいかにより, -1, 0, 1
戻り値	成功時は0を, 失敗時(構成空間が空の場合)は負のエラー・コードを戻す

表3-17　PCMデバイスにハードウェア構成を導入するALSA API(snd_pcm_hw_params)

API	int snd_pcm_hw_params (snd_pcm_t　　　　　 *pcm, 　　　　　　　　　　　　 snd_pcm_hw_params_t　 *params)
説明	PCMデバイスに構成空間から選定したハードウェア構成を導入し, デバイスを準備する. 成功時には, SND_STATE_ SETUP状態に遷移する. 失敗時には, SND_PCM_STATE_OPEN状態となる
引き数	pcm　　　　 PCMハンドル params　　 ハードウェア構成空間
戻り値	成功時は0を, 失敗時は負のエラー・コードを戻す

表3-18　PCMデバイスを準備するALSA API(snd_pcm_prepare)

API	int snd_pcm_prepare (snd_pcm_t　 *pcm)
説明	PCMデバイスを使用するために準備する. 成功時に, ストリームの状態はSND_PCM_STATE_PREPAREDに遷移する
引き数	pcm　　　　 PCMハンドル
戻り値	成功時は0を, 失敗時は負のエラー・コードを戻す

的に**表3-18**に示すAPIが呼び出され, PCMデバイスが選択した操作(再生または録音)を実行する準備を行うことを示しています.

　以上で設定したハードウェア・パラメータは, ストリームの実行中には変更できません.

▶バッファサイズ/転送周期サイズの取得

　ハードウェア・パラメータ設定手順の最後に, サウンド・データの転送制御に適用するパラメータとなるバッファサイズおよび転送周期サイズを取得します. そのために, **表3-19**と**表3-20**に示す各ALSA APIを実行します.

> **Note**
>
> ● 再生アプリケーション・プログラムの場合, アプリケーション・バッファから転送されたデータは, サウンド・ドライバによりサウンド・カードのハードウェア・バッファにDMA(Direct Memory Access)転送されます.

39

表3-19　バッファサイズを取得するALSA API(snd_pcm_hw_params_get_buffer_size)

API	int snd_pcm_hw_params_get_buffer_size (const snd_pcm_hw_params_t　　*params, 　　　　　　　　　　　　　　　　　　　　snd_pcm_uframes_t　　　　　*val)
説明	ハードウェア構成空間からバッファサイズを抽出する
引き数	params　　ハードウェア構成空間 val　　　戻されるバッファサイズ(サンプル・フレーム数)
戻り値	成功時は0を，失敗時(構成空間が単一の値から成らない時)は負のエラー・コードを戻す
型定義	typedef unsigned long snd_pcm_uframes_t(符号無しサンプル・フレーム数)

表3-20　転送周期サイズを取得するALSA API(snd_pcm_hw_params_get_period_size)

API	int snd_pcm_hw_params_get_period_size (const snd_pcm_hw_params_t　　*params, 　　　　　　　　　　　　　　　　　　　　snd_pcm_uframes_t　　　　　*val, 　　　　　　　　　　　　　　　　　　　　int　　　　　　　　　　　*dir)
説明	ハードウェア構成空間から転送周期サイズを抽出する
引き数	params　　ハードウェア構成空間 val　　　戻される転送周期サイズの近似値(サンプル・フレーム数) dir　　　戻り値が正確な値より小さいか，等しいか，大きいかにより，-1，0，1
戻り値	成功時は0を，失敗時(構成空間が単一の値から成らない時)は負のエラー・コードを戻す

表3-21　現在のソフトウェア構成を戻すALSA API(snd_pcm_sw_params_current)

API	int snd_pcm_sw_params_current (snd_pcm_t　　　　　　　*pcm, 　　　　　　　　　　　　　　　　snd_pcm_sw_params_t　*params)
説明	PCMデバイスに対する現在のソフトウェア構成を戻す
引き数	pcm　　　　PCMハンドル params　　ソフトウェア構成コンテナ
戻り値	成功時は0を，失敗時は負のエラー・コードを戻す

■第3項　ソフトウェア・パラメータの設定

　ソフトウェア・パラメータをALSAライブラリに設定するために，まずは**表3-21**に示すAPIを実行して，PCMデバイスに対する現在のソフトウェア構成を取得します．

　アプリケーション・プログラムで設定可能なソフトウェア関連のパラメータには，次のようなものがあります．

▶タイムスタンプ・モード

　タイムスタンプ・モードは，タイムスタンプが起動されるかどうかを指定します．例えば，転送周期時間ごとにタイムスタンプを取得するモード設定が可能です．

▶転送整列

　後述するread/write転送は，このパラメータのサンプル数で整列可能です．剰余となるサンプルは，デバイスにより無視されます．通常，このパラメータ値は1に設定されており，これは整列無しを示します．

▶開始閾値

　ストリームの開始点を決定するために使用されるパラメータです．再生の場合，オーディオ・バッファ内のサンプル・フレーム数がこのパラメータの値に等しいか，または大きくなるときにストリームが実行中でなければ，ストリームはPCMデバイスにより自動的に開始されます．

　後述する実例プログラムでは，このパラメータを設定するために，**表3-22**に示すALSA APIを適用します．

▶停止閾値

　実行中のストリームを自動的に停止するために使用されるパラメータです．再生中にアンダーラン状態となった場合，適用可能なサンプル・フレーム数がこのパラメータ値を越えると，PCMデバイスは自動的に停

表3-22　開始閾値を設定するALSA API(snd_pcm_sw_params_set_start_threshold)

API	int snd_pcm_sw_params_set_start_threshold (snd_pcm_t *pcm, 　　　　　　　　　　　　　　　　　　　　　　snd_pcm_sw_params_t *params, 　　　　　　　　　　　　　　　　　　　　　　snd_pcm_uframes_t val)
説明	ソフトウェア構成コンテナ内部に開始閾値を設定する
引き数	pcm　　　　PCMハンドル params　　ソフトウェア構成コンテナ val　　　　開始閾値(サンプル・フレーム数)
戻り値	成功時は0を，失敗時は負のエラー・コードを戻す

表3-23　適用可能サンプル・フレーム数の最小値を設定するALSA API(snd_pcm_sw_params_set_avail_min)

API	int snd_pcm_sw_params_set_avail_min (snd_pcm_t *pcm, 　　　　　　　　　　　　　　　　　　　　snd_pcm_sw_params_t *params, 　　　　　　　　　　　　　　　　　　　　snd_pcm_uframes_t val)
説明	ソフトウェア構成コンテナ内部に適用可能なサンプル・フレーム数の最小値を設定する
引き数	pcm　　　　PCMハンドル params　　ソフトウェア構成コンテナ val　　　　PCMデバイスが準備状態とみなすために適用可能なサンプル・フレーム数の最小値
戻り値	成功時は0を，失敗時は負のエラー・コードを戻す

表3-24　PCMデバイスにソフトウェア構成を導入するALSA API(snd_pcm_sw_params)

API	int snd_pcm_sw_params (snd_pcm_t *pcm, 　　　　　　　　　　　　snd_pcm_sw_params_t *params)
説明	ソフトウェア構成コンテナparamsにより定義されたソフトウェア構成をPCMデバイスに導入する
引き数	pcm　　　　PCMハンドル params　　ソフトウェア構成コンテナ
戻り値	成功時は0を，失敗時は負のエラー・コードを戻す

止します．

▶ 適用可能なサンプル・フレーム数の最小値

アプリケーションの起動点を設定するパラメータです．少なくとも，この値のサンプル・フレームが処理可能になるときに転送が許容されます．このパラメータの適正な値は個別のハードウェアにより決まりますが，多くのPCのサウンド・カードでは，2のべき乗のフレーム数のみが許容されます（例512，1024，2048など）．後述する実例プログラムでは，このパラメータを設定するために，**表3-23**に示すALSA APIを適用します．

▶ 無音閾値

再生アンダーランが別途設定される閾値の近傍に至るとき，バッファの先頭に充填する無音サンプル・フレーム数を指定するパラメータです．

PCMデバイスにアプリケーションで設定したソフトウェア構成を導入するためには，**表3-24**に示すALSA APIを実行します．

以上で設定したソフトウェア・パラメータは，いつでも変更可能です．

■ 第4項　PCMデバイス全構成情報の出力

PCMデバイスに設定したハードウェアおよびソフトウェア構成空間のパラメータ情報を出力するためには，まず**表3-25**に示すALSA APIにより，ALSA専用の出力オブジェクトを設定します．

一方，不要となった時点で出力オブジェクトを解放するためには，**表3-26**に示すALSA APIを実行します．

出力オブジェクトの生成後は，**表3-27**および**表3-28**に示す各ALSA APIを実行して，ハードウェアおよびソフトウェア構成の情報を出力オブジェクト経由で出力できます．

表3-25　新しい出力オブジェクトを生成するALSA API(snd_output_stdio_attach)

API	int　snd_output_stdio_attach (snd_output_t　　**outputp, 　　　　　　　　　　　　　　　　　　FILE　　　　*fp, 　　　　　　　　　　　　　　　　　　int　　　　　_close)
説明	既存の標準FILEポインタを使用して新しい出力オブジェクトを生成する
引き数	outputp　　生成された新しい出力オブジェクトへのポインタを指すアドレス fp　　　　　標準FILE 型ポインタ _close　　　クローズ制御フラグ．1に設定すると，snd_output_close(出力オブジェクトをクローズする際に実行する 　　　　　　API)は，fclose.を呼んでfpをクローズする
戻り値	成功時は0を，失敗時は負のエラー・コードを戻す
型定義	typedef struct _snd_output snd_output_t(出力オブジェクトに対するALSA内部の不透過な構造体型)

表3-26　出力オブジェクトをクローズするALSA API(snd_output_close)

API	int　snd_output_close (snd_output_t　*output)
説明	出力オブジェクトをクローズする
引き数	outputp　出力オブジェクトのハンドル
戻り値	成功時は0を，失敗時は負のエラー・コードを戻す

表3-27　ハードウェア構成空間の情報をダンプ出力するALSA API(snd_pcm_hw_params_dump)

API	int　snd_pcm_hw_params_dump (snd_pcm_hw_params_t　*params, 　　　　　　　　　　　　　　　　　snd_output_t　　　　　*out)
説明	PCMデバイスのハードウェア構成空間の情報をダンプ出力する
引き数	params　　　ハードウェア構成空間 outputp　　出力オブジェクトのハンドル
戻り値	成功時は0を，失敗時は負のエラー・コードを戻す

表3-28　ソフトウェア構成の情報をダンプ出力するALSA API(snd_pcm_sw_params_dump)

API	int　snd_pcm_sw_params_dump (snd_pcm_sw_params_t　*params, 　　　　　　　　　　　　　　　　　snd_output_t　　　　　*out)
説明	ソフトウェア構成情報をダンプ出力する
引き数	params　　　ソフトウェア構成情報コンテナ outputp　　出力オブジェクトのハンドル
戻り値	成功時は0を，失敗時は負のエラー・コードを戻す

リスト3-2　PCMデバイス全構成情報のダンプ出力例

```
…(途中省略)
Its setup is:
  stream  : PLAYBACK
  access         : MMAP_INTERLEAVED
  format         : S32_LE
  subformat      : STD                     ┐
  channels       : 2                       │
  rate           : 192000                  │
  exact rate     : 192000 (192000/1)       ├ 現在のハードウェア構成設定内容
  msbits         : 32                       │
  buffer_size    : 8192                     │
  period_size    : 2048                     │
  period_time    : 10666                   ┘
  tstamp_mode    : NONE                    ┐
  period_step    : 1                        │
  avail_min      : 2048                     │
  period_event   : 0                        │
  start_threshold  : 8192                   │
  stop_threshold   : 8192                   ├ 現在のソフトウェア構成設定内容
  silence_threshold : 0                     │
  silence_size   : 0                        │
  boundary       : 1073741824               │
  appl_ptr       : 0                        │
  hw_ptr  : 0                              ┘
```

表3-29　PCMデバイス全構成情報をダンプ出力するALSA API(snd_pcm_dump)

API	int　snd_pcm_dump (　snd_pcm_t　　　*pcm, 　　　　　　　　　　　　 snd_output_t　　*out)
説明	PCMデバイス情報をダンプ出力する
引き数	pcm　　　　　PCMハンドル outputp　　出力オブジェクトのハンドル
戻り値	成功時は0を，失敗時は負のエラー・コードを戻す

表3-30　構成ツリーの全リソースを解放するALSA API(snd_config_update_free_global)

API	int　snd_config_update_free_global (void)
説明	全域構成ツリーの全リソースを解放する
引き数	無し
戻り値	成功時は0を，失敗時は負のエラー・コードを戻す

さらに，PCMデバイス全構成情報を一括して出力する場合には，**表3-29**に示すAPIを使用します．
API snd_pcm_dumpを適用したPCMデバイス全構成情報のダンプ出力は**リスト3-2**のようになります．
後述する実例プログラムでは，オプションとして，このAPIを適用した実例を確認します．

● PCMデバイス構成情報関連の全リソース解放

ALSAライブラリを利用したアプリケーション・プログラムを終了する際に，PCMデバイスに設定した構成情報関連の全リソースを解放するためには，**表3-30**に示すALASA APIを実行します．

第4節　ALSAライブラリとアプリケーション間のデータ転送インターフェース

■第1項　ALSAライブラリの転送方式

ALSAライブラリを使用するアプリケーション・プログラムに適用可能なサウンド・データの転送方式は，2つあります．1つは標準的なread/write 方式であり，もう1つはALSAライブラリが管理するオーディオ・バッファを直接使用するread/write方式です．read転送はサウンド録音に使用し，write転送はサウンド再生に使用します．

本書では再生アプリケーション・プログラミングを対象とするので，専らwrite転送について説明します．

● 標準read/write 転送

標準read/write転送方式では，前述したインターリーブ・データに対するSND_PCM_ACCESS_RW_INTERLEAVEDアクセス・タイプに加えて，非インターリーブ・データに対するSND_PCM_ACCESS_RW_NONINTERLEAVEDアクセス・タイプが適用可能です．

インターリーブ・データ再生のwrite転送には，**表3-31**に示すALSA APIを適用します．転送がブロック・モードで実行される場合，このAPIは全てのフレームが再生されるか，または再生ハードウェア・バッファに送出されるまで，呼び出し元に戻りません．一方，非ブロック・モード転送の場合，APIは直ちに呼び出し元に戻ります．

また，転送フレーム数の戻り値は，アンダーランが発生した場合にのみ要求値より少なくなる可能性があります．アンダーランおよびエラー・コードの詳細については後述します．

非インターリーブ・データ再生のwrite転送には，**表3-32**に示すALSA APIを適用します．非インターリ

表3-31　インターリーブのサンプル・フレームをwrite転送するALSA API(snd_pcm_writei)

API	snd_pcm_sframes_t　snd_pcm_writei (snd_pcm_t　　　　　　　*pcm, 　　　　　　　　　　　　　　　　　　　const　void　　　　　*buffer, 　　　　　　　　　　　　　　　　　　　snd_pcm_uframes_t　size)
説明	PCMデバイスにインターリーブのサンプル・フレームをwrite転送する
引き数	pcm　　　　PCMハンドル buffer　　サンプル・フレームのバッファ size　　　転送するサンプル・フレーム数
戻り値	成功時は実際に転送したサンプル・フレーム数を，失敗時は次の負のエラー・コードを戻す -EBADFD　　　PCMデバイス状態異常 -EPIPE　　　アンダーランが発生 -ESTRPIPE　サスペンド事象発生
型定義	typedef long snd_pcm_sframes_t(符号付きサンプル・フレーム数)

表3-32　非インターリーブのサンプル・フレームをwrite転送するALSA API(snd_pcm_writen)

API	snd_pcm_sframes_t　snd_pcm_writen (snd_pcm_t　　　　　　　*pcm, 　　　　　　　　　　　　　　　　　　　void　　　　　　　　**bufs, 　　　　　　　　　　　　　　　　　　　snd_pcm_uframes_t　size)
説明	PCMデバイスに非インターリーブのサンプル・フレームをwrite転送する
引き数	pcm　　　　PCMハンドル bufs　　　サンプル・フレームのバッファ(各チャネルに1つ) size　　　転送するサンプル・フレーム数
戻り値	成功時は実際に転送したサンプル・フレーム数を，失敗時は次の負のエラー・コードを戻す -EBADFD　　　PCMデバイス状態異常 -EPIPE　　　アンダーランが発生 -ESTRPIPE　サスペンド事象発生

ーブ転送APIはバッファ引数の定義が異なるだけで，振る舞いについてはインターリーブ転送のAPIと全く同様です．後述する実例プログラムでは，インターリーブ転送のAPIを使用します．標準read/write転送のAPIを適用する場合，ストリームの開始は前述したソフトウェア・パラメータ「開始閾値」に依存します．

● 直接read/write転送

　直接read/write転送方式は，録音時にはオーディオ・バッファのメモリ領域から直接データを取得し，再生時にはオーディオ・バッファのメモリ領域に直接データを格納することにより，自動的にオーディオ・データの入出力を実行する転送方式です．このメモリ領域を便宜上mmap領域と呼ぶことにします．mmap領域は，その写像編成区分により，次の3つのアクセス・タイプがあります．

▶ SND_PCM_ACCESS_MMAP_INTERLEAVED

　インターリーブ・データに対するアクセス・タイプです．

▶ SND_PCM_ACCESS_MMAP_NONINTERLEAVED

　非インターリーブ・データに対するアクセス・タイプです．

▶ SND_PCM_ACCESS_MMAP_COMPLEX

　インターリーブおよび非インターリーブのマッピング編成に適合しない場合のアクセス・タイプです．

　これらのアクセス・タイプは，前述したALSA API snd_pcm_hw_params_set_accessで設定します．

　再生アプリケーション・プログラムにおいて，mmap領域へのアクセスは次の手順で実行します．

①再生用に書き込み可能なmmap領域のサンプル・フレーム数を取得します．このために**表3-33**に示すALSA APIを実行します．また，オーディオ・バッファがほぼ満杯のとき，PCMストリームが出力可能になるまで待機するためには，**表3-34**のALSA APIを実行します．

表3-33　書込み可能なフレーム数を戻すALSA API(snd_pcm_avail_update)

API	snd_pcm_sframes_t　snd_pcm_avail_update (snd_pcm_t　*pcm)
説　明	再生時は書き込み可能なフレーム数を，録音時は読み出し可能なフレーム数を戻す
引　数	pcm　　PCMハンドル
戻り値	成功時はフレーム数を，失敗時は負のエラー・コードを戻す

表3-34　PCMストリームがI/O可能になるまで待機するALSA API(snd_pcm_wait)

API	int snd_pcm_wait (snd_pcm_t　*pcm, 　　　　　　　　　　　 int　　　　 timeout)
説明	PCMストリームがI/O可能になるまで待機する
引き数	pcm　　　　　PCMハンドル timeout　 待機時間の最大値(msec)で，負の値の場合は無限となる
戻り値	0　　タイムアウト発生 1　　PCMストリームはI/O可能 負　 エラー・コード

表3-35　mmap領域の割り当てを要求するALSA API(snd_pcm_mmap_begin)

API	int snd_pcm_mmap_begin (snd_pcm_t　　　　　　　　　　　　　　*pcm, 　　　　　　　　　　　　　 const snd_pcm_channel_area_t　**areas, 　　　　　　　　　　　　　 snd_pcm_uframes_t　　　　　　　 *offset, 　　　　　　　　　　　　　 snd_pcm_uframes_t　　　　　　　 *frames)
説明	直接read/writeアクセスするためにmmap領域の割当てを要求する
引き数	pcm　　　　PCMハンドル areas　　 戻されるmmapチャネル領域 offset　 戻されるmmap領域のオフセット(サンプル・フレーム数) frames　 mmap領域の割り当てサンプル・フレーム数(入力時には要求値，出力時には連続して適用可能な値)
戻り値	成功時は0を，失敗時は負のエラー・コードを戻す

型定義	struct　snd_pcm_channel_area_t {
	　void　　　　　　 *addr;　 //チャネル・サンプルのベース・アドレス
	　unsigned int　 first;　 //最初のサンプル位置へのオフセット(ビット)
	　unsigned int　 step;　　//サンプル間の距離(ビット)
	}

②mmap領域へのアクセスを要求します．このために**表3-35**に示すALSA APIを実行します．このAPI呼び出しの直前にsnd_pcm_avail_update関数を呼び出す必要があります．そうしないと，このAPIは誤った値の適用可能フレーム数を戻す可能性があります．

また，このAPIはmmap領域に直接アクセスする前に呼ばれなければなりません．戻されるmmap領域の割り当てフレーム数は，常に要求値より小さいか，または等しくなります．さらに，このフレーム数は，オーディオ・バッファが満杯の場合には，0になる可能性もあります．

③mmap領域のデータを転送します．このために**表3-36**に示すALSA APIを実行します．このAPIには，snd_pcm_mmap_beginが戻したmmap領域のオフセットの値を渡す必要があります．従って，各snd_pcm_mmap_begin呼び出しの後に続けてsnd_pcm_mmap_commitを呼び出す必要があります．

API snd_pcm_mmap_beginが戻す構造体snd_pcm_channel_area_tは，各チャネルに対応するmmap領域へのポインタとサンプル位置情報を示すデータ構造です．mmap領域パラメータの関係は，**図3-4**のようになります．この図が示すパラメータ間の関係は，ハードウェア構成空間の特定の設定値に依存しないで一般的に成立します．

ALSAライブラリには，標準read/writeルーチンと同様な呼び出し作法でmmap領域のインターリーブ・データを再生するAPIとして，**表3-37**の関数が用意されています．

図3-4 mmap領域パラメータの関係
各パラメータは直接read/write転送時に適用される

表3-36 要求したmmap領域へのアクセスを実行するALSA API(snd_pcm_mmap_commit)

API	snd_pcm_sframes_t snd_pcm_mmap_commit (snd_pcm_t *pcm,
	                                              snd_pcm_uframes_t offset,
	                                              snd_pcm_uframes_t frames)

説明	snd_pcm_mmap_beginで要求したmmap領域へのアクセスを実行する
引き数	pcm PCMハンドル offset mmap領域のオフセット(フレーム数) frames mmap領域の割当てフレーム数(入力時には要求値,出力時には連続して使用可能な値)
戻り値	成功時には転送フレーム数を,失敗時には負のエラー・コードを戻す

　この場合,アプリケーション・プログラムから直接mmap領域にアクセスするのではなく,このAPIを介して間接的にmmapバッファを利用することになります.このAPIは,直接mmap領域にアクセスする効率上の恩恵がなくなる反面,標準read/write転送APIと同様の簡便なアプリケーション・インターフェースでmmapモードが利用できる利点があります.後述する実例プログラムでは,このAPIをオプションで使用できるようにします.

第3章 ALSAライブラリによるPCMサウンド再生の要点

表3-37 mmapバッファを使用して，サンプル・フレームをwrite転送するALSA API(snd_pcm_mmap_writei)

API	snd_pcm_sframes_t snd_pcm_mmap_writei (snd_pcm_t *pcm,
	                                         const void *buffer,
	                                         snd_pcm_uframes_t size)

説明	mmapバッファを使用して，PCMデバイスにインターリーブのサンプル・フレームをwrite転送する
引き数	pcm PCM ハンドル buffer サンプル・フレームのバッファ size 転送するサンプル・フレーム数
戻り値	成功時は実際に転送したサンプル・フレーム数を，失敗時は次の負のエラー・コードを戻す -EBADFD PCMデバイス状態異常 -EPIPE アンダーランが発生 -ESTRPIPE サスペンド事象発生

表3-38 PCMデバイスの操作を開始するALSA API(snd_pcm_start)

API	int snd_pcm_start (snd_pcm_t *pcm)
説明	PCMデバイスの操作(再生または録音)を開始する．成功すると，SND_PCM_STATE_RUNNING状態に遷移する
引き数	pcm PCM ハンドル
戻り値	成功時には0を，失敗時には負のエラー・コードを戻す

> **Note**
> ● ハードウェアや音源の特性によっては，バッファサイズが正確に転送周期サイズの4倍にならないこ
> ともあります．例えば，バッファサイズ 22050，転送周期サイズ5513の場合，frames1～frame3
> の値は，5513となり，転送周期サイズと等しくなりますが，frames4の値は，5511になります．

■第2項　PCMストリームの状態

　ALSAライブラリでは，アプリケーションとの間の通信状態局面を識別するために「状態」の概念を使用します．この「状態」に対しては，PCMインターフェース中で列挙型enum snd_pcm_state_tの値が列挙子として設定されています．次に，この列挙子を使用して各「状態」の内容を説明します．

▶SND_PCM_STATE_OPEN
　PCMデバイスがオープン状態であることを示します．snd_pcm_open呼び出しでデバイスをオープンした後，この状態に遷移します．

▶SND_PCM_STATE_SETUP
　PCMデバイスには通信パラメータが導入され，選択した操作(再生または録音)に対してハードウェアを準備するためにsnd_pcm_prepareの呼び出しを待っている状態です．

▶SND_PCM_STATE_PREPARED
　PCMデバイスは，選択した操作(再生または録音)の開始準備が整った状態です．アプリケーションは，**表3-38**に示すALSA API snd_pcm_start呼び出しにより，操作を開始できます．

▶SND_PCM_STATE_RUNNING
　PCMデバイスは操作の実行を開始し，サンプル・データを処理している状態です．ストリーム処理を停止するためには，**表3-39**に示すALSA API snd_pcm_dropまたは**表3-40**に示すALSA API snd_pcm_drainを呼び出します．

▶SND_PCM_STATE_XRUN
　PCMデバイスがアンダーラン(underrun)状態(再生時)，またはオーバーラン(overrun)状態(録音時)になったことを示します．アンダーランは，CPUリソースの使用状況に起因してアプリケーション・プログ

47

表3-39 直ちにPCMデバイスを停止するALSA API（snd_pcm_drop）

API	`int   snd_pcm_drop ( snd_pcm_t   *pcm)`
説明	直ちにPCMデバイスを停止する．`SND_PCM_STATE_SETUP`状態に遷移する
引き数	pcm　PCMハンドル
戻り値	成功時には0を，失敗時には負のエラー・コードを戻す

表3-40 残存サンプルの処理後にPCMデバイスを停止するALSA API（snd_pcm_drain）

API	`int   snd_pcm_drain ( snd_pcm_t    *pcm)`
説明	オーディオ・バッファに残存しているサンプルの処理後にPCMデバイスを停止する．オーディオ・バッファにサンプルが残存していれば，`SND_PCM_STATE_DRAINING`状態に遷移する．そうでなければ，`SND_PCM_STATE_SETUP`状態になる
引き数	pcm　PCMハンドル
戻り値	成功時には0を，失敗時には負のエラー・コードを戻す

表3-41 エラー状態からの回復を試みるALSA API（snd_pcm_recover）

API	`int   snd_pcm_recover ( snd_pcm_t    *pcm,`
	`                         int          err,`
	`                         int          silent )`

説明	エラーまたはサスペンドからストリーム状態の回復を試みる
引き数	pcm　　　　PCMハンドル err　　　　エラー番号 silent　　エラー事由の出力制御フラグ（0：出力有，1：出力無）
戻り値	エラー処理成功時には0を，失敗時には受け取った負のエラー・コードをそのまま戻す

ラムがALSAライブリ経由で実時間再生に必要な新しい再生データをハードウェア・バッファに送出しないときに発生し，音飛びなどの再生不具合を生じます．

　もう一方のオーバーランは，アプリケーションがALSAライブリ経由でハードウェア・バッファから連続した録音に必要な新しい録音データを受け取らないときに発生します．

　これらの状態が発生すると，入出力転送用API（再生の場合の`snd_pcm_writei`など）は後述するエラー・コード `-EPIPE`を戻します．この状態から回復するためには，**表3-41**に示すALSA APIを使うことができます．この関数でエラー処理が成功すると`SND_PCM_STATE_PREPARED`状態になります．

▶`SND_PCM_STATE_DRAINING`

　`snd_pcm_drain`を呼び出して，オーディオ・バッファ中の未処理フレームをread/writeしている状態です．

▶`SND_PCM_STATE_PAUSED`

　ハードウェア・デバイスが一時停止している状態です（全てのハードウェアがこの特性をサポートしているわけではない）．

▶`SND_PCM_STATE_SUSPENDED`

　ハードウェア・デバイスが電力管理システムによりサスペンドしている状態です．

▶`SND_PCM_STATE_DISCONNECTED`

　ハードウェア・デバイスが物理的に切り離されている状態です．いかなる入出力呼び出しも受け付けない状態です．

■第3項　PCMインターフェースのエラー・コード

　ALSAライブラリのPCMインターフェースが戻すエラー・コードは，基本的にUNIXおよびLinuxなどの

表3-42　エラー・メッセージを戻すALSA API(snd_strerror)

API	const char *snd_strerror (int errnum)
説明	エラー・コードに対応するメッセージを戻す
引き数	errnum　エラー・コード番号
戻り値	指定したエラー・コードのASCII文字表現

UNIX系統のOSに対してPOSIX（Portable Operating System Interface）が標準的に定義するエラー・コードの符号を反転したものを使用しており，その中でALSAライブラリに特化した意味合いを持つのは，次のコードです．

▶ **-EPIPE**

　xrun（再生時のアンダーラン，録音時のオーバーラン）が発生したことを示します．

▶ **-ESTRPIPE**

　システムがサスペンド状態であることを示します．

▶ **-EBADFD**

　ハードウェア・デバイスが不良状態であることを示します．この状態は，アプリケーションとALSAライブラリ間のハンドシェークが壊れていることを意味します．

▶ **-ENOTTY, -ENODEV**

　ハードウェア・デバイスが物理的に接続されていないことを示します．

　エラーが発生したときに，エラー内容を出力するためには，**表3-42**のALSA API を実行します．

> **Note**
> ・POSIXの規定するエラー・コード全般の元来の意味合いについては，端末からLinuxコマンド
> "$ man 3 errno ⏎"を実行して確認することができます．

第 **4** 章

サウンド再生実例プログラムの作成

第1節　PC開発環境の準備

■第1項　エディタ/コンパイラ

● ソース・コード・エディタ

　UNIX系OSでは，伝統的に使用されているviやemacsなどがよく知られていますが，一般的なテキスト・エディタであれば他のツールでも全く問題なく，本書でも特にエディタ・ツールを特定していません．また，Eclipseのような統合開発環境のエディタを使用する選択肢もあります．

● コンパイラ/リンカ

　C言語用，およびC++言語用のGNUコンパイラ/リンカ，gcc，g++を使用します．例えば，Ubuntuの場合，リスト4-1の手順で導入できます．

■第2項　ライブラリ

　実例プログラムを作成するために次のライブラリを導入します．

● ALSAライブラリ

　ALSA APIを適用するためのライブラリとヘッダ・ファイルを導入します．全実例プログラムで共通的に使用します．

▶ライブラリ

```
libasound
```

▶ヘッダ・ファイル

```
asoundlib.h
```

▶ソース・コードの入手源

　ALSAのWebサイト（http://www.alsa-project.org）からソース・コードをダウンロードできます．

▶ライセンス

　ALSAライブラリはGPL（GNU General Public License）およびLGPL（GNU Lesser General Public License）の適用を受けます．

リスト4-1　UbuntuにおけるGNU C/C++コンパイラの導入手順

```
$  sudo apt-get update ↵
$  sudo apt-get upgrade ↵
$  sudo apt-get install build-essential ↵
```

50

● FLACライブラリ

　FLACフォーマットのサウンドをデコードするために適用するライブラリとヘッダ・ファイルを導入します．FLACサウンド再生実例プログラムで使用します．

▶ ライブラリ

　libFLAC

▶ ヘッダ・ファイル

　stream_decoder.h

　metadata.h

▶ ソース・コードの入手源

　Xiph.orgのWebサイト（https://xiph.org/flac/）からソース・コードをダウンロードできます．

▶ ライセンス

　FLACライブラリはXigh.orgのBSDライセンスの適用を受けます．

● libsndfileライブラリ

　WAVE，FLAC，AIFFなどの複数種のフォーマットのサウンドを読み書きするために適用するライブラリとヘッダ・ファイルを導入します．マルチフォーマット・サウンド再生実例プログラムで使用します．

▶ ライブラリ

　libsndfile

▶ ヘッダ・ファイル

　sndfile.h

▶ ソース・コードの入手源

　libsndfileのWebサイト（http://www.mega-nerd.com/libsndfile/）からソース・コードをダウンロードできます．

▶ ライセンス

　libsndfileライブラリは，LGPLの適用を受けます．

● FLTKライブラリ

　GUIアプリケーション・プログラムを構築するために適用するライブラリとヘッダ・ファイルを導入します．GUIサウンド再生実例プログラムで使用します．

▶ ライブラリ

　libfltk

▶ ヘッダ・ファイル

　Fl.H他GUIオブジェクトに対応するヘッダ・ファイル（詳細は第8章で説明）．

▶ ソース・コードの入手

　fltk.orgのWebサイト（http://www.fltk.org/software.php）からソース・コードをダウンロードできます．

▶ ライセンス

　FLTKライブラリはLGPLライセンスの適用を受けます．

● ライブラリの導入

　UbuntuのようなDebian系のLinuxディストリビューションの場合は，ソース・コードからビルドしないでも，**リスト4-2**に示すように管理者権限でパッケージ管理コマンド apt-get を実行することにより，各ライ

リスト4-2　ライブラリの導入

```
$  sudo apt-get install libasound2-dev ⏎
$  sudo apt-get install libflac-dev ⏎
$  sudo apt-get install libsndfile1-dev ⏎
$  sudo apt-get install libfltk1.3-dev ⏎
```

ブラリの開発関連パッケージ一式を導入できます.

> ## Note
> - Linuxでは，各ライブラリのソース・コードを入手したら，それぞれのソース・コードの保存ディレクトリに移動して，次に示す共通的な手順により，ライブラリを導入することも可能です.
>
>   ```
>   $  cd /library-source-directory⏎
>   $  ./configure ⏎
>   $  make ⏎
>   $  sudo make install ⏎
>   ```
> - 後述する実例プログラムでは，ライブリが保存されているディレクトリへの参照パスは/user/libまたは/user/local/libで，ライブラリに関わるヘッダ・ファイルが保存されているディレクトリへの参照パスは/user/includeまたは/user/local/includeを前提に説明します. これ以外のディレクトリにライブラリまたはヘッダ・ファイルを導入する場合は，コンパイル/リンク実行時に，それぞれ-L，-Iオプションを使用して，該当するライブラリまたはヘッダ・ファイルを保存したディレクトリへのパスを指定します.

第2節　サウンド再生実例プログラムの仕様

　ここからはALSAライブラリを適用し，次に示すようなサウンド・フォーマットを再生する実例プログラムを順次作成します.

■第1項　実例プログラム概要

　(a) WAVE再生プログラム (標準read/write転送方式)
　WAVEファイル・フォーマットのサウンドを再生するプログラムです. 標準read/write転送方式および同様なインターフェースで間接的にmmap領域を使用する転送方式を選択可能な仕様とします.
　(b) WAVE再生プログラム (直接read/write転送方式)
　直接read/write転送方式によりWAVEファイル・フォーマットのサウンドを再生するプログラムです.
　(c) FLAC再生プログラム
　FLACファイル・フォーマットのサウンドを再生するプログラムです. libFLACを適用して実現します. 転送方式は(a)と同様です.
　(d) マルチフォーマット再生プログラム
　WAVE, FLAC, AIFFフォーマットのサウンドを再生するプログラムです. libsndfileを適用して実現します. 転送方式は(a)と同様です.
　(e) GUI再生プログラム
　端末のコマンド・ラインから実行する(d)のプログラムをGUI構造のもとで動作するように再構築するプログラムです.

■第2項 プログラム基本構造

これらの実例プログラムは，第3章で説明したPCMサウンド再生処理フローに基づき，図4-1のような基本構造に準拠して実現します．この図において，2重線で囲んだソフトウェア構成要素は，ユーティリティ関数として実装することを示します．

ユーティリティ関数は，実例プログラムの種類に応じて，アプリケーション・プログラム固有の関数として作成する場合と，使用するツール・ライブラリのAPI関数を適用する場合があります．また，灰色部分のユーティリティ関数は，全実例プログラムで共通的に使用することを示しています．

> **Note**
> ・厳密に言うと，図4-1はコマンド・ラインから実行する実例プログラムの基本構造を示すものです．GUI実例プログラムは，この基本構造を内包しつつ，GUIプログラムが規定する独自の構造となるため，該当する実例プログラム作成の章の中で，別途説明します．

● ソフトウェア構成要素の処理概要
各ソフトウェア構成要素の処理は概略次のようになります．
▶ 全体制御
・共通データ定義

サウンド・ファイル・データ構造，音源付随パラメータ，適用するライブラリのパラメータなど，全ソフトウェア構成要素で共通的に使うデータを定義します．WAVE再生実例プログラムの場合には，WAVEフォーマットを示すデータ構造をヘッダ・ファイル内で定義します．

・ユーティリティ関数プロトタイプ宣言

ユーティリティ関数をプロトタイプ宣言します．FLAC再生実例プログラムでは，libFLACが規定するコールバック関数もプロトタイプ宣言します．

・プログラム実行時オプション定義

プログラム実行時に選択的に設定できるコマンドライン・オプションの処理内容を定義します．GUIプロ

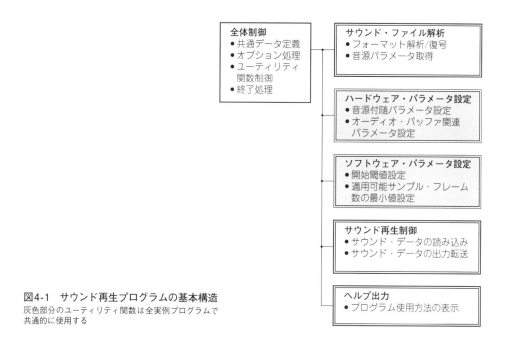

図4-1 サウンド再生プログラムの基本構造
灰色部分のユーティリティ関数は全実例プログラムで共通的に使用する

グラムを除く全サンプル・プログラムで共通のオプションは，次のような項目とします．

-h,--help	使用法を示すオプション
-D,--device=デバイス名	再生デバイス名を指定するオプション
-v,--verbose	パラメータ設定値を詳細に表示するオプション
-n,--noresample	再標本化を禁止するオプション

標準read/write転送を用いる実例プログラムでは，さらに次のオプションを設定可能とします．

-m,--mmap	mmap_write転送を選択するオプション

●ユーティリティ関数制御

ユーティリティ関数の呼び出しを制御します．次の順序で各ソフトウェア構成要素を呼び出します．

① ヘルプ出力（-hオプションが設定された場合，または使用方法が誤りの場合のみ呼び出される）

② サウンド・ファイル解析

③ ハードウェア・パラメータ設定

④ ソフトウェア・パラメータ設定

⑤ サウンド再生制御

●終了処理

再生終了後，使用した各種リソースを解放します．

▶ **サウンド・ファイル解析**

●フォーマット解析

サウンド・ファイルのフォーマットを解析し，フォーマットの正当性を評価します．FLAC再生プログラムの場合は，libFLACが規定するコールバック関数を使用して，フォーマットを解析します．

●音源付随パラメータ取得

サウンド・ファイルから標本化速度，チャネル数，量子化ビット数等の音源に付随するパラメータ値を取得します．

▶ **ハードウェア・パラメータ設定**

第3章で説明した手順およびALSA APIにより設定処理を行います．全実例プログラムで共通的に使用するユーティリティ関数となります．

●アクセス・タイプの設定

転送方式に基づき，アクセス・タイプを設定します．

●サンプル・フォーマットの設定

ALSAライブラリがサポートするサンプル・フォーマットを設定します．ここで設定するフォーマットの値は，音源の量子化ビット数および使用するライブラリの制約などに基づき、別途「全体制御」の中で確定します．

●音源付随パラメータの設定

ソフトウェア構成要素「サウンド・ファイル解析」で取得した標本化速度，チャネル数を設定します．

●オーディオ・バッファ関連パラメータ設定

オーディオ・バッファ時間長，転送周期時間長を設定し，オーディオ・バッファおよび転送周期のフレーム・サイズを取得します．

▶ **ソフトウェア・パラメータ設定**

第3章で説明した手順およびALSA APIにより設定処理を行います．全実例プログラムで共通的に使用するユーティリティ関数となります．

●開始閾値（しきいち）設定

ストリームの開始点を示すオーディオ・バッファ内のサンプル・フレーム数値を設定します．

- 適用可能サンプル・フレーム数の最小値設定

転送が許容されるサンプル・フレーム数の最小値を設定します．

▶ サウンド再生制御

- サウンド・データの復号/読み込み

サウンド・ファイルからデータを読み込む処理です．読み込みには，Cの標準関数，または適用するライブラリのAPI関数を使用します．FLAC再生プログラムの場合は，libFLACが規定するコールバック関数を使用して，圧縮データの復号処理も行います．

- サウンド・データの出力転送

ALSAライブラリが規定する転送方式に基づき，ハードウェア・デバイスに再生データを転送する処理です．

- アンダーランからの回復処理

ALSA APIを使用して，アンダーランからの回復を試みる処理です．

▶ ヘルプ出力

ヘルプ・オプション指定時，または実行時オプション指定誤りの場合に，プログラム使用方法を表示するユーティリティ関数です．

■ 第3項 実例プログラム仕様上の留意点

● 音源付随パラメータの処理範囲

現在普及しているハイレゾ音源の仕様や使用するライブラリの制約などを考慮し，実例プログラムでは次の範囲のパラメータ値を処理する仕様とし，再生動作を確認します．

▶ チャネル数

1，2

▶ 標本化速度

$44.1 \sim 192\text{kHz}$

▶ 量子化ビット数

16，24，32（FLACに対しては16，24）

> **Note**
> - 本書執筆時点で普及している音源やDAC仕様を考慮した要求仕様としています．実際には以下の事項に留意してください．
> （1）標本化速度については，アプリケーション・プログラムは音源ファイルから取得した値をAPI経由でALSAに渡すだけです．従って，ALSAライブラリが標本化周波数変換可能な範囲の値が実現可能な仕様となります．
> （2）量子化ビット数が32の場合，音源としてもDAC性能としても普及していませんが，将来的な予約値として要求仕様に含めています．

● 出力転送用ALSA API

概要で述べた各実例プログラムに適用する転送方式に対応して，**表4-1**に示すALSA APIを使用します．

● サンプル・フォーマットとサンプル・データ型

使用するライブラリのデータ型との親和性を考慮して，各実例プログラムにおける音源の量子化ビット数とサウンド・フォーマットの対応，および転送するサウンド・サンプルを表現するデータ型の関係を設定しま

表4-1　実例プログラムに適用する出力転送用ALSA API

実例プログラム	実行時オプションに対して適用するALSA API	
	デフォルト	-m, --mmapオプション
(a) WAVE再生プログラム （標準read/write転送方式）	snd_pcm_writei	snd_pcm_mmap_writei
(b) WAVE再生プログラム （直接read/write転送方式）	snd_pcm_mmap_begin snd_pcm_mmap_commit	―
(c) FLAC再生プログラム	snd_pcm_writei	snd_pcm_mmap_writei
(d) マルチフォーマット再生プログラム	snd_pcm_writei	snd_pcm_mmap_writei
(e) GUI再生プログラム	snd_pcm_writei	―

表4-2　実例プログラムに適用するサンプル・フォーマット

実例プログラム	量子化ビット数の値に対して適用するサンプル・フォーマット			サンプル・データ型
	16	24	32	
(a) WAVE再生プログラム （標準read/write転送方式）	SND_PCM_FORMAT_S16_LE	SND_PCM_FORMAT_S24_3LE	SND_PCM_FORMAT_S32_LE	unsigned char
(b) WAVE再生プログラム （直接read/write転送方式）	SND_PCM_FORMAT_S16_LE	SND_PCM_FORMAT_S24_3LE	SND_PCM_FORMAT_S32_LE	unsigned char
(c) FLAC再生プログラム	SND_PCM_FORMAT_S32_LE	SND_PCM_FORMAT_S32_LE	―	int
(d) マルチフォーマット 再生プログラム	SND_PCM_FORMAT_S32_LE	SND_PCM_FORMAT_S32_LE	SND_PCM_FORMAT_S32_LE （WAVE, AIFF）	int
(e) GUI再生プログラム	SND_PCM_FORMAT_S32_LE	SND_PCM_FORMAT_S32_LE	SND_PCM_FORMAT_S32_LE （WAVE, AIFF）	int

す（**表4-2**）．(c)～(e)のプログラムのように，量子化ビット数の値によらずサンプル・フォーマットをSND_PCM_FORMAT_S32_LEに固定する場合，サンプル・データ型の実質的な意味合いは，サウンド・サンプルのコンテナを表現するデータ型となります．

■第4項　実例プログラム構成/実装上の留意点

　前述したプログラム基本構造およびプログラム仕様に基づく各実例プログラムの構成を**表4-3**に示します．灰色で示した関数は，標準またはツールのライブラリ関数であることを示します．

● 標準ヘッダ・ファイル

　全実例プログラムに必須のALSAライブラリのヘッダ・ファイルasoundlib.hに内包されるヘッダ・ファイル（**表4-4**）と適用が重複する場合は，実例プログラムのソース・コードに明示しません．

● 整数型のサイズ

　C言語の整数型のバイト・サイズに関して，shortとintは少なくとも2バイト，longは少なくとも4バイト，shortは，intより長くてはならず，intはlongより長くてはならないということのみが規定されているだけです．従って，厳密に言うと各整数型の実際のバイト・サイズは特定の計算機構造に依存しますが，本書では標準的なPCの開発環境を前提として，shortは2バイト，intは4バイト，longは8バイトとして説明します．

　これと異なる計算機プラットフォームを利用している可能性がある場合は，あらかじめsizeof演算子を利用した検証用プログラムを作成するなどして，各整数型のバイト・サイズを確認する必要があります．ただし，後述する実例プログラムの中で，特にバイト・サイズに厳格に依存するのは，WAVEフォーマットの

表4-3　実例プログラム構成

実例プログラム	(a)WAVE再生プログラム（標準read/write転送方式版）	(b)WAVE再生プログラム（直接read/write転送方式版）	(c)FLAC再生プログラム	(d)マルチフォーマット再生プログラム	(e)GUI再生プログラム
ソース・ファイル	wave_rw_player_uchar.c	wave_direct_player_uchar.c	flac_rw_player_int.c	multiFmt_rw_player_int.c	gui_player.cpp
全体制御	WaveFomat.h main()	WaveFomat.h main()	main()	main()	main()(主スレッド) player()(再生処理スレッド)
サウンド・ファイル解析	wave_read_header()		metadata_callback()	sf_open()	
ハードウェア・パラメータ設定	set_hwparams()				
ソフトウェア・パラメータ設定	set_swparams()				
サウンド読み込み	read()		flac_read_int_frames()	sf_readf_int()	
サウンド再生制御	write_uchar()	direct_uchar()	flac_write_int()	multi_fmt_write_int()	gui_write_int()
ヘルプ出力	usage()	usage()	usage()	usage()	—
アプリケーション固有	—	—	buffer2block() write_callback() error_callback()	—	cb_loadFile() cb_exit() cb_butPlay() cb_butStop() cb_pcmDevice()

表4-4　asoundlib.hに内包されるヘッダ・ファイル

ヘッダ・ファイル	説　明
<unistd.h>	シンボル定数
<stdio.h>	標準入出力ライブラリ
<stdlib.h>	ユーティリティ関数
<sys/types.h>	基本システム・データ型
<string.h>	文字列操作
<fcntl.h>	ファイル制御
<assert.h>	プログラム診断
<endian.h>	バイト配置順序
<sys/poll.h>	poll関数
<errno.h>	エラー・コード
<stdarg.h>	可変引数リスト

データ構造を規定する部分のみです．

● エラー処理について

　実例プログラムでは，次のような基本的なエラー処理を実装します．ただし，エラー・メッセージは便宜上ごく簡素な内容に留めます．

- ALSA APIの戻すエラー出力処理
- 使用しているツール・ライブラリ（libFLAC, libsndfile）API関数の戻すエラー出力処理
- アンダーラン・エラーの回復処理
- リソース割り当てエラー出力処理
- ユーティリティ関数が戻すエラー出力処理

第**5**章 WAVE再生プログラム

第1節　WAVEファイル・フォーマット

■第1項　WAVEフォーマットのデータ構造

● RIFFチャンク

　WAVEフォーマットは，1991年にIBM社とMicrosoft社から，マルチメディア向けのファイル・フォーマットRIFF（Resource Interchange File Format）に包含される仕様の1つとして初版が公表されました．RIFFは，チャンク（chunk）と呼ばれる**表5-1**に示す構成要素の集合として定義されます．

> **Note**
> ・表5-1のフィールド名称は，IBMおよびMicrosoftの源泉仕様書に準拠しています．本書ではこれ以降，WAVEフォーマットの仕様を示すためにこのフィールド名を適宜使用します．

● 標準PCMのWAVEフォーマット

　RIFFの1つである，WAVE（正式にはWaveform オーディオ・ファイル・フォーマット）は，初版では標準的なPCMサウンド・データを含むフォーマットとして，**表5-2**のようなチャンク構造として規定されました．

> **Note**
> ・WAVEフォーマットは，RIFFチャンクから見るとチャンクが入れ子構造になっています．下位のチャンクをサブチャンクと称して区分する場合もありますが，本書ではチャンクという名称に統一します．
> ・WAVEフォーマットの仕様では，フォーマット・チャンクおよびデータ・チャンクは必須のチャンクであり，かつ前者は後者に先行することを必要条件としていますが，他にファイル内の物理的な位置関係は，特に規定されていません．従って，ファイル上でフォーマット・チャンクの直後に連続してデータ・チャンクが配置されているとは限らないので，WAVEデータを取り扱うプログラム処理を記述する場合に留意する必要があります．
> ・標準PCMとは非PCM形式，または後述するハイレゾ対応に拡張されたPCMと区別するための用語です．IBM，Microsoftの初版仕様書上では"Microsoft PCM format"と記述されていました．
> ・フォーマット・チャンクのフィールドwBlockAlignの説明にある「サンプル・フレーム」は，第1章で紹介したサウンド・データのひとまとまりのデータ単位のことです．源泉仕様書とは別の説明表現になっていますが，後述する実例プログラムとの関係など，本書内での説明の一貫性を考慮して，このような表現にしています．

● WAVEファイル上の保存形式

　16ビットのステレオPCMサウンドのWAVEファイル上での保存形式例を**図5-1**に示します．このデー

表5-1 チャンク構造

チャンク構成要素 （フィールド名）	概　要
チャンクID (ckID)	チャンク・データの内容を識別する4文字コード．アプリケーション・プログラムは，認知しないチャンクIDを読み飛ばすことができる
チャンク・サイズ (ckSize)	チャンク・データのバイト・サイズを識別する符号なしの32ビット整数値．この値はチャンクIDフィールド，チャンク・サイズ・フィールドのサイズ，およびチャンク・データ末尾に必要に応じて補填する1バイト（チャンク・データ・フィールドの項を参照）を含まない
チャンク・データ (ckData)	チャンクの実際のデータに相当する2値データ．チャンク・データの先頭は，RIFFファイルの先頭から2バイト境界（すなわち偶数バイト・サイズ）に整列される．もしもチャンク・サイズが奇数の場合，チャンク・データの末尾に値ゼロのデータを1バイト補填して整列する

表5-2 標準PCM WAVEフォーマットのチャンク構造

フィールド	フィールド長 （バイト）	説　明
ckID	4	チャンクID：'RIFF'
ckSize	4	チャンク・サイズ：$4 + 24 + \{8 + n + (0 \text{ or } 1)\}$
formType	4	RIFFの枠組に基づくファイル・フォーマット区分．WAVEに対しては'wave'
〈フォーマット・チャンク〉		
ckID	4	チャンクID：'fmt '
ckSize	4	チャンク・サイズ：16
wFormatTag	2	データ・フォーマット種を示す値．PCMの場合は0x0001
wChannels	2	チャネル数N_c
dwSamplesPerSec	4	標本化速度F_s［標本数／秒］
dwAvgBytesPerSec	4	平均データ転送速度$F_s \times L \times N_c$［バイト／秒］　L：各サンプルのバイト長
wBlockAlign	2	サンプル・フレーム長$L \times N_c$［バイト］
wBitsPerSample	2	量子化ビット数$8 \times L$［ビット／標本］
〈WAVEデータ・チャンク〉		
ckID	4	チャンクID：'data'
ckSize	4	チャンク・サイズ：$n = L \times N_c \times N_s$　N_s：全フレーム数
サウンド・データ	n	ディジタル・サウンド・データ（PCM符号は，2の補数表現）
補填バイト	0または1	nが奇数の場合，1バイトを加えて偶数バイトにする

（注）チャンク・サイズ欄の吹き出し：フォーマット・チャンク全体のサイズ／WAVEデータ・チャンク全体のサイズ

図5-1 WAVEファイル上のデータ保存形式例
サウンド・データはリトル・エンディアン方式で保存される

タ形式の特性は次のようになります．

- 複数チャネルのサウンド・データはインターリーブされます．
- 各サンプル値は符号付き整数値であり，バイト配置順序は最下位バイト（Least Significant Byte）が最初に保存されるリトル・エンディアン方式です．
- サンプルの振幅を示す実効的なビット列は最上位バイト（Most Significant Byte）から詰めて保存され，残りのビットはゼロに設定されます．例えば，12ビットのサウンド・サンプルを2バイトの整数として保存する場合，最下位バイトの最下位ビット側の4ビットはゼロに設定されます．
- 負のサンプル値は，2の補数表現となります．

表5-3　非PCM WAVEフォーマットのチャンク構造

フィールド		フィールド長 （バイト）	説　明
ckID		4	チャンクID：'RIFF'
ckSize		4	チャンク・サイズ：$4 + 26 + \{8 + n + (0\ or\ 1)\}$
	formType	4	RIFFの枠組に基づくファイル・フォーマット区分．WAVEに対しては'wave'
〈フォーマット・チャンク〉			
	ckID	4	チャンクID：'fmt'
	ckSize	4	チャンク・サイズ：*18*　←（値変更）
	wFormatTag	2	データ・フォーマット種を示す値．PCMの場合は0x0001
	wChannels	2	チャネル数N_c
	dwSamplesPerSec	4	標本化速度F_s【単位：標本数／秒】
	dwAvgBytesPerSec	4	平均データ転送速度【単位：バイト／秒】
	wBlockAlign	2	サンプル・フレーム長【単位：バイト】
	wBitsPerSample	2	量子化ビット数【単位：ビット／標本】
（追加）→	*cbSize*	*2*	*非PCMデータ・フォーマットに必要な別途情報のサイズ【単位：バイト】*
〈WAVEデータ・チャンク〉			
	ckID	4	チャンクID：'data'
	ckSize	4	チャンク・サイズ：n
	サウンド・データ	n	ディジタル・サウンド・データ（PCM符号は，2の補数表現）
	補填バイト	0または1	nが奇数の場合，1バイトを加えて偶数バイトにする

Note

- 初版のWAVEフォーマット仕様では，2チャネルを越えるスピーカ・マッピングは未定義でした．
- WAVEファイルをビッグ・エンディアン系のPCプラットフォーム上のアプリケーションから直接データ処理する場合には，エンディアンの変換処理が必要になります．本書では，リトル・エンディアン系のPCプラットフォームでのアプリケーション作成を前提としているため，エンディアン変換処理は不要として取り扱います．

● 非PCM WAVEフォーマット

1994年にMicrosoftからWAVEフォーマットの改訂内容が開示されました．端的に言って，この改訂は標準PCM以外の非PCMのWAVEデータ・フォーマット種を追加するための仕様追加でした．本書では，標準PCMおよびそのハイレゾ拡張PCMのみを扱うため，この改訂については表5-3に示すように，フォーマット・チャンクの変更・追加部分のみを示します．

ただし，この表が示すフォーマット構造は，次に示すハイレゾ対応のWAVEフォーマットの拡張構造に包含されるため，後の実例プログラム・データ構造を規定する際に便宜上利用します．

● ハイレゾ/多チャネル対応の拡張WAVEフォーマット（WAVEFORMATEXTENSIBLE）

2001年にMicrosoft社は，次の各ケースに対応したWAVEフォーマットの拡張版を開示しました．

- PCMサウンド・データの量子化ビット数が16ビット以上の場合．
- チャネル数が2以上の多チャネル構成の設定が必要な場合．

1つ目の改訂事項が，ハイレゾ・オーディオに関係します．ハイレゾPCMサウンド関連の情報に焦点を絞ったWAVEフォーマットの拡張内容を表5-4に示します．

この拡張したWAVEフォーマット・ファイルに，サウンドを保存する場合，実際のデータ・フォーマットはSubFormatフィールドで指定します．このフィールドを表現するために，GUID（Globally Unique Identifier）と呼ばれる16バイトのデータ構造が適用されます．GUIDの最初の2バイトはデータ・フォーマットを示し，

表5-4　ハイレゾ/多チャネル対応WAVEフォーマットのチャンク構造

フィールド		フィールド長 (バイト)	説　明
ckID		4	チャンクID：'RIFF'
ckSize		4	チャンク・サイズ：4 + 48 + {8 + n + (0 or 1)}
	formType	4	RIFFの枠組に基づくファイル・フォーマット区分．WAVEに対しては'wave'
			〈フォーマット・チャンク〉
ckID		4	チャンクID：'fmt'
ckSize		4	チャンク・サイズ：40　（値変更）
	wFormatTag	2	0xFFEに設定　（値変更）
	wChannels	2	チャネル数
	dwSamplesPerSec	4	標本化速度［標本数/秒］
	dwAvgBytesPerSec	4	平均データ転送速度［バイト/秒］　（定義の厳密化）
	wBlockAlign	2	サンプル・フレーム長［バイト］
	wBitsPerSample	2	**サウンド・コンテナの量子化ビット数**［ビット/標本］
	cbSize	2	PCMでは拡張情報のサイズ = 22に設定［バイト］　（値変更）
	wValidBitsPerSamples	2	サウンドの正味の量子化ビット数
	(wSamplesPerBlock)	(2)	(圧縮フォーマットに適用．圧縮データ・ブロックに含まれる固定長のサンプル数)
	(wReserved)	(2)	(将来の利用に対して予約済)
	dwChannelMask	4	スピーカ位置に対するチャネルの対応付けを指定するビット・マスク
	SubFormat	16	GUIDデータ構造に基づくデータ・フォーマット
			〈WAVEデータ・チャンク〉
ckID		4	チャンクID：'data'
ckSize		4	チャンク・サイズ：n
	サウンド・データ	n	ディジタル・サウンド・データ(PCM符号は，2の補数表現)
	補填バイト	0または1	nが奇数の場合，1バイトを加えて偶数バイトにする

（追加）

残りの14バイトは固定の文字列データを示します．ハイレゾPCMデータの場合，データ・フォーマットのフィールドには`0x0001`を設定します．

> **Note**
> - ハイレゾPCMの再生に限定すれば，表5-4で（ ）付きのフィールドは考慮不要ですが，将来の拡張のための参考情報として表示しています．
> - サウンド・データのビット数を示すwBitsPerSampleとwValidBitsPerSamplesの関係はいささか分かりづらいですが，例えば正味20ビットに量子化されたサウンド・データに対しては，wValidBitsPerSamples = 20，wBitsPerSample = 24に設定する必要があります．すなわち，拡張WAVEフォーマットの仕様から，wBitsPerSampleは8の整数倍となることが厳格に要求されるようになりました．Microsoftの仕様書の記述では，この値を「コンテナ・サイズ」と称しています．

■第2項　WAVEファイルのフォーマットを規定するデータ構造

　第1項で説明したWAVEファイル・フォーマットに対して，ハイレゾ音源を含むPCMサウンドに関わるデータ構造をリスト5-1に示すようにヘッダ・ファイル`WaveFormat.h`に定義します．

　このヘッダ・ファイルの定義の要点は，次のようになります．

- 仕様から，WAVEフォーマットは2バイト単位で整列されるため，その構造を明確にするために`WORD`型，`DWORD`型，`FOURCC`型を定義します．これらの定義および型名は，IBMおよびMicrosoftの源泉仕様書に準拠しています．
- ハイレゾ音源対応WAVEフォーマットに含まれる`GUID`データ構造を定義します．
- 再生アプリケーション・プログラムが参照するWAVEデータ・フォーマットに関わるデータ構造

リスト5-1　WAVEファイルのフォーマット構造を定義するヘッダ・ファイル WaveFormat.h

```
/********************************************
 LPCM WAVE フォーマット・ヘッダ
 ヘッダ・ファイル：WaveFormat.h
 ********************************************/
#define FORMAT_CHUNK_PCM_SIZE (16)          /* 標準LPCM 'fmt 'サブチャンク・サイズ */
#define FORMAT_CHUNK_EX_SIZE (18)           /* 非PCM WAVE 'fmt 'サブチャンク・サイズ */
#define FORMAT_CHUNK_EXTENSIBLE_SIZE (40)   /* 拡張WAVE 'fmt 'サブチャンク・サイズ */

#define WAVE_FORMAT_PCM (0x0001)            /* 標準LPCM フォーマット・コード */
#define WAVE_FORMAT_EXTENSIBLE (0xfffe)     /* 拡張WAVE  フォーマット・コード */
#define WAVE_GUID_TAG       "¥x00¥x00¥x00¥x10¥
x00¥x80¥x00¥x00¥xAA¥x00¥x38¥x9B¥x71"

/* WAVEチャンクIDコード */
static char RIFF_ID[4] = {'R', 'I', 'F', 'F'};
static char WAVE_ID[4] = {'W', 'A', 'V', 'E'};
static char FMT_ID[4] = {'f', 'm', 't', ' '};
static char DATA_ID[4] = {'d', 'a', 't', 'a'};

/* WORD型の定義 */
typedef unsigned char BYTE;         /* 8bit符号無し整数型 */
typedef unsigned short WORD;        /* 16bit符号無し整数型 */
typedef unsigned int DWORD;         /* 32bit符号無し整数型 */
typedef DWORD FOURCC;               /* 4文字コードの整数型 */

/* Globaly Unique IDentifier(GUID) */
typedef struct GUID{
 WORD    subFormatCode;
 BYTE    wave_guid_tag[14] ;
} GUID;

/* 再生WAVEサウンド・フォーマット構造体の定義 */
typedef struct format_descriptor{
 WORD formatTag;                    /* フォーマット・コード */
 WORD numChannels;                  /* チャネル数 */
 DWORD samplesPerSec;               /* 標本化周波数：fs(Hz) */
 DWORD avgBytesPerSec;              /* 転送レート：dataFrameSize * fs (bytes/sec) */
 WORD dataFrameSize;                /* フレーム・サイズ：numChannels * bitsPerSample / 8 (bytes) */
 WORD bitsPerSample;                /* サンプル量子化ビット数 (16,24) */
}WAVEFORMATDESC;

/* 再生サウンド・ファイル構造体の定義 */
typedef struct waveFile_descriptor{
 int  fd;                          /* 再生ファイル記述子 */
 long  frameSize;                  /* 再生サウンド・フレーム・サイズ(frames) */
}WAVEFILEDESC;
```

WAVEFORMATDESCを定義します．
- 同じく，再生アプリケーション・プログラムが参照するWAVEファイル・フォーマットに関わるデータ
  構造WAVEFILEDESCを定義します．

第2節　WAVE再生プログラムの作成（標準read/write転送）

■第1項　要求仕様

作成するサウンド再生プログラムの要求仕様は，次のとおりとします．

▶再生サウンド・ファイル仕様

ファイル・フォーマット：WAVE
データ・フォーマット：LPCM

標本化速度［kHz］：44.1，48，96，192
量子化ビット数：16，24，32

▶ソース・ファイル名
wave_rw_player_uchar.c

▶ヘッダ・ファイル名
WaveFormat.h

▶実行ファイル名
wave_rw_player_uchar

▶使用方法
$ 実行ファイル名 [オプション…] "再生音源ファイルのパス名"
実行時オプション：

-h,--help	使用法を示すオプション
-D,--device=デバイス名	再生デバイス名を指定するオプション
-m,--mmap	mmap_write転送を選択するオプション
-v,--verbose	パラメータ設定値を詳細に表示するオプション
-n,--noresample	再標本化を禁止するオプション

■第2項　プログラム構成

このプログラムの構成は，図5-2のようになります．

● ソース・コード構成

wave_rw_player_uchar.cのソース・コードの構成はリスト5-2のようになります．

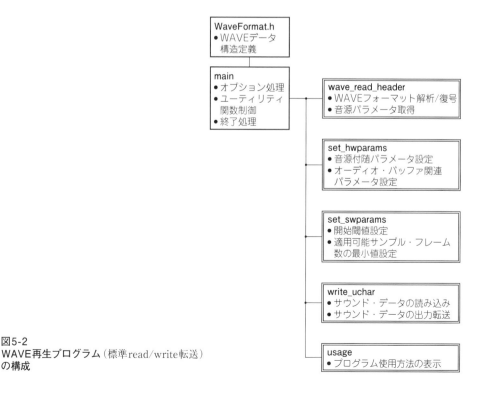

図5-2
WAVE再生プログラム（標準read/write転送）
の構成

リスト5-2　**wave_rw_player_uchar.cのソース・コード構成**

```
/**************************************
実例プログラム：WAVEサウンド・ファイル再生プログラム
              - read/write転送 -
ソースコード：wave_rw_player_uchar.c
**************************************/
#include <getopt.h>
#include "alsa/asoundlib.h"
#include "WaveFormat.h"

/*** 共通データ定義／ユーティリティ関数プロトタイプ宣言 ***/
...
/* 再生ファイルからWAVEヘッダのデータを読み込むユーティリティ関数の定義 */
int wave_read_header(void)
{
  ...
}

/* PCMにHWパラメータを設定するユーティリティ関数の定義 */
int set_hwparams(snd_pcm_t *handle, snd_pcm_hw_params_t *hwparams)
{
  ...
}

/* PCMにSWパラメータを設定するユーティリティ関数の定義 */
int set_swparams(snd_pcm_t *handle, snd_pcm_sw_params_t *swparams)
{
  ...
}

/* サウンドデータの再生を行うユーティリティ関数の定義 */
int write_uchar(snd_pcm_t *handle)
{
  ...
}

/* 使用法を表示するユーティリティ関数の定義 */
void usage(void)
{
  ...
}

int main(int argc, char *argv[])
{
  ...
}
```

（リスト5-3／リスト5-5／リスト5-6／リスト5-7／リスト5-8／リスト5-9／リスト5-4）

■第3項　ソース・コード定義

● 共通データ定義／プロトタイプ宣言

　ソース・コードの冒頭では，**リスト5-3**に示すように，このWAVE再生プログラム全体で共通的に使用するデータを定義し，各ユーティリティ関数のプロトタイプ宣言を行います．

　共通データ定義，および関数プロトタイプ宣言の要点は，次のようになります．

- 次のヘッダ・ファイルを含めます．
<getopt.h>	実行時オプションを処理するCの標準関数を定義します．
"alsa/asoundlib.h"	ALSAライブラリの定数やAPIを定義します．
"WaveFormat.h"	前述したアプリケーション・プログラムで使用するデータ構造を定義します．
- 関数へのポインタ*writei_funcは，転送方法制御フラグ変数mmapの値に応じた転送出力APIを指すようにmain関数内で設定されます．
- 再生PCMデバイス名のデフォルトは"plughw:0,0"を設定します．これは通常，PC本体のハードウェア・デバイスに対するplughwデバイスです．外付けUSB-DACを使用して再生する場合は，–Dオプ

64

リスト5-3　共通データ定義および関数プロトタイプ宣言

```
/********************************************************************
 実例プログラム：WAVEサウンド・ファイル再生プログラム
                    - read/write転送 -
 ソースコード：wave_rw_player_uchar.c
 ********************************************************************/
#define _FILE_OFFSET_BITS 64

#include <getopt.h>
#include "alsa/asoundlib.h"
#include "WaveFormat.h"

/*** ユーティリティ関数プロトタイプ宣言 ***/
static int wave_read_header(void);
static int set_hwparams(snd_pcm_t *handle, snd_pcm_hw_params_t *hwparams);
static int set_swparams(snd_pcm_t *handle, snd_pcm_sw_params_t *swparams);
static int write_uchar(snd_pcm_t *handle);
static void usage(void);
static snd_pcm_sframes_t (*writei_func)(snd_pcm_t *handle, const void *buffer, snd_pcm_uframes_t size);

/*** ALSAライブラリのパラメータ初期化 ***/
static char *device = "plughw:0,0";                  /* 再生PCMデバイス名 */
static snd_pcm_format_t format = SND_PCM_FORMAT_S32_LE; /* サンプル・フォーマット */
static unsigned int rate = 44100;                    /* 標本化速度 (Hz) */
static unsigned int numChannels = 1;                 /* チャンネル数 */
static unsigned int buffer_time = 0;                 /* バッファ時間長 (μsec) */
static unsigned int period_time = 0;                 /* 転送周期時間長 (μsec) */
static snd_pcm_uframes_t buffer_size = 0;            /* バッファサイズ (符号無しフレーム数) */
static snd_pcm_uframes_t period_size = 0;            /* データブロック・サイズ (符号無しフレーム数) */
static snd_output_t *output = NULL;                  /* 出力オブジェクトに 対するALSA内部構造体へのハンドル */

/*** アプリケーション制御フラグの初期化 ***/
static int mmap = 0;       /* 転送方法制御フラグ：write=0, mmap write=1 */
static int verbose = 0;    /* 詳細情報表示フラグ：set=1 clear=0 */
static int resample = 1;   /* 標本化速度変換設定フラグ：set=1 clear=0 */

/*** ユーザデータの宣言 ***/
static WAVEFORMATDESC fmtdesc;
static WAVEFILEDESC filedesc;
```

ションでデバイス名を設定します.
- ヘッダ・ファイルWaveFormat.hで定義したWAVEフォーマットに関わる構造体WAVEFORMATDESC型，およびWAVEFILEDESC型の変数を宣言します.

● 全体制御　main

再生プログラム全体を制御するmain関数を**リスト5-4**に示します.

mainにおける制御の流れは，次のようになります.

▶ 実行時オプション処理

Cの標準関数getopt_longを使用して，各オプションの処理を行います.

▶ リソースの初期化

ALSAライブラリのマクロsnd_pcm_hw_params_allocaおよびsnd_pcm_sw_params_allocaにより，ALSAのハードウェアおよびソフトウェア・パラメータのコンテナ変数にメモリを割り当てます.

▶ WAVEフォーマット情報の取得

再生ファイルをオープンし，後述するユーティリティ関数を呼び出して，音源付随情報などに関するWAVEフォーマット情報を取得します.

▶ ALSAサンプル・フォーマットの設定

音源の量子化ビット数に応じてALSAサンプル・フォーマットの値を次のように設定します.

リスト5-4　main関数（つづく）

```
int main(int argc, char *argv[])
{
  static const struct option long_option[] =
    {
      {"help", 0, NULL, 'h'},
      {"device", 1, NULL, 'D'},
      {"mmap", 0, NULL, 'm'},
      {"verbose", 0, NULL, 'v'},
      {"noresample", 0, NULL, 'n'},
      {NULL, 0, NULL, 0},
    };

  snd_pcm_t *handle = NULL;              /* PCMハンドル */
  snd_pcm_hw_params_t *hwparams;         /* PCMハードウェア構成空間コンテナ */
  snd_pcm_sw_params_t *swparams;         /* PCMソフトウェア構成コンテナ */
  unsigned char *transfer_method;        /* 転送方法名 */
  unsigned short qbits;                   /* 量子化ビット数 */
  double playtime = 0;                    /* 再生時間 */
  int err, c, exit_code = 0;

  while ((c = getopt_long(argc, argv, "hD:mvn", long_option, NULL)) != -1) {
    switch (c) {
    case 'h':
      usage();
      return 0;
    case 'D':
      device = strdup(optarg);           /* 再生デバイス名の指定 */
      break;
    case 'm':
      mmap = 1;
      break;
    case 'v':
      verbose = 1;
      break;
    case 'n':
      resample = 0;
      break;
    default:
      fprintf(stderr, "`--help'で使用方法を確認¥n");
      return EXIT_FAILURE;
    }
  }

  if (optind > argc-1) {
    usage();
    return 0;
  }
  /* 再生ファイルパス名の初期化 */
  const char *filePath = NULL;

  /* ALSA HW, SWパラメータ・コンテナの初期化 */
  snd_pcm_hw_params_alloca(&hwparams);
  snd_pcm_sw_params_alloca(&swparams);

  /* 再生ファイルをオープンする */
  filePath = argv[optind];
  int fd = open(filePath, O_RDONLY, 0);
  if(fd == -1){
    fprintf(stderr, "再生ファイル・オープン・エラー¥n");
    exit_code = errno;
    goto cleaning;
  }
  filedesc.fd = fd;

  /* ユーティリティ関数により再生ファイルのWAVフォーマット情報を取得する */
  if(wave_read_header() != 0){
    exit_code = EXIT_FAILURE;
    goto cleaning;
  }

  if(fmtdesc.bitsPerSample > 32) {
    fprintf(stderr, "サポート外の量子化ビット数：%d¥n", fmtdesc.bitsPerSample );
```

```c
   exit_code = EXIT_FAILURE;
   goto cleaning;
 }

 numChannels = (unsigned int)fmtdesc.numChannels;       /* チャネル数の取得 */
 rate = fmtdesc.samplesPerSec;                           /* 標本化速度の取得 */
 qbits = fmtdesc.bitsPerSample;                          /* 量子化ビット数の取得 */
 playtime = (double)filedesc.frameSize / (double)rate;   /* サウンド再生時間の算出 */

 /* 再生ファイルの情報を表示する */
 printf("*** サウンドファイル情報 ***¥n");
 printf("ファイル名：%s¥n", filePath);
 printf("標本化速度：%dHz¥n", rate);
 printf("チャンネル数：%dチャンネル¥n", numChannels);

 switch(qbits){
 case 16:
  format = SND_PCM_FORMAT_S16_LE;
  printf("データフォーマット：符号付16bit¥n");
  break;
 case 24:
  format = SND_PCM_FORMAT_S24_3LE;
  printf("データフォーマット：符号付24bit¥n");
  break;
 case 32:
  printf("データフォーマット：符号付32bit¥n");
  break;
 }
 printf("再生時間：%.01f秒¥n", playtime);
 printf("¥n");

 /* ALSAの出力オブジェクト、転送関数、アクセス方法の設定 */
 err = snd_output_stdio_attach(&output, stdout, 0);
 if (err < 0) {
  fprintf(stderr, "ALSAログ出力設定失敗：%s¥n", snd_strerror(err));
  exit_code = err;
  goto cleaning;
 }

 if (mmap) {
  writei_func = snd_pcm_mmap_writei;
  transfer_method = "mmap_write";
 } else {
  writei_func = snd_pcm_writei;
  transfer_method = "write";
 }

 /* PCMをBlockモードでオープンする */
 if ((err = snd_pcm_open(&handle, device, SND_PCM_STREAM_PLAYBACK, 0)) < 0) {
  fprintf(stderr, "PCMオープンエラー：%s¥n", snd_strerror(err));
  exit_code = err;
  goto cleaning;
 }

 /* ユーティリティ関数によりPCMにHWパラメータを設定する */
 if ((err = set_hwparams(handle, hwparams)) < 0) {
  fprintf(stderr, "hwparamsの設定失敗：%s¥n", snd_strerror(err));
  printf("*** PCMハードウェア構成空間一覧 ***¥n");
  snd_pcm_hw_params_dump(hwparams, output);
  printf("¥n");
  exit_code = err;
  goto cleaning;
 }

 /* ユーティリティ関数によりPCMにSWパラメータを設定する */
 if ((err = set_swparams(handle, swparams)) < 0) {
  fprintf(stderr, "swparamsの設定失敗：%s¥n", snd_strerror(err));
  printf("*** ソフトウェア構成一覧 ***¥n");
  snd_pcm_sw_params_dump(swparams, output);
  printf("¥n");
  exit_code = err;
  goto cleaning;
```

リスト5-4　main関数（つづき）

```
 }

 if (verbose > 0){
  printf("*** PCM情報一覧 ***¥n");
  snd_pcm_dump(handle, output);
  printf("¥n");
 }

 /* ALSAパラメータ情報を表示する */
 printf("*** ALSAパラメータ ***¥n");
 printf("内部フォーマット：%s¥n", snd_pcm_format_name(format));
 printf("PCMデバイス：%s¥n", device);
 printf("転送方法：%s¥n", transfer_method);
 printf("¥n");

 /* ユーティリティ関数によりファイルからデータを読み，ALSA転送関数に渡してサウンドを再生する */
 err = write_uchar(handle);
 if (err != 0){
  fprintf(stderr, "再生転送失敗¥n");
  exit_code = err;
 }

 /* 後始末 */
cleaning:
 if(output != NULL)
  snd_output_close(output);
 if(handle != NULL)
  snd_pcm_close(handle);
 snd_config_update_free_global();
 if(fd != -1)
  close(fd);
 return exit_code;
}
```

```
量子化ビット数16：SND_PCM_FORMAT_S16_LE
量子化ビット数24：SND_PCM_FORMAT_S24_3LE
量子化ビット数32：SND_PCM_FORMAT_S32_LE
```

▶ **出力転送用ALSA APIの設定**

　転送方法制御フラグ変数mmapの値に応じて，次のように出力転送用APIを設定します．この値は実行時オプション-mまたは--mmapで変更できます．

```
mmap = 0(デフォルト) ： writei_func = snd_pcm_writei
mmap = 1             ： writei_func = snd_pcm_mmap_writei
```

▶ **ハードウェア・パラメータの設定制御**

　後述するユーティリティ関数set_hwparamsを呼び出して，PCMデバイスにハードウェア・パラメータを導入します．設定失敗時には，ALSA API snd_pcm_hw_params_dumpにより，ハードウェア構成空間の情報をダンプ出力します．

▶ **ソフトウェア・パラメータの設定制御**

　後述するユーティリティ関数set_swparamsを呼び出して，PCMデバイスにソフトウェア・パラメータを導入します．設定失敗時には，ALSA API snd_pcm_sw_params_dumpにより，ソフトウェア構成情報をダンプ出力します．

▶ **サウンド再生制御**

　後述するユーティリティ関数write_ucharを呼び出して，再生音源ファイルからサウンド・データを読み，ALSAライブラリの転送関数に渡してサウンドを再生します．

68

第5章　WAVE再生プログラム

リスト5-5　WAVEファイルのフォーマットを解析するユーティリティ関数wave_read_header

```c
/* 再生ファイルからWAVEヘッダのデータを読み込むユーティリティ関数の定義 */
int wave_read_header(void)
{
    FOURCC chunkID;
    DWORD chunkSize;
    GUID SubFormat;

    lseek(filedesc.fd, 0, SEEK_SET); /* ファイル先頭にrewind */
    /* RIFFチャンクを読む */
    read(filedesc.fd, &chunkID, sizeof(FOURCC));
    read(filedesc.fd, &chunkSize, sizeof(DWORD));
    if(chunkID != *(FOURCC *)RIFF_ID) {
        fprintf(stderr, "ファイルエラー：RIFF形式でない\n");
        return EXIT_FAILURE;
    }

    /* WAVE IDを読む */
    read(filedesc.fd, &chunkID, sizeof(FOURCC));
    if(chunkID != *(FOURCC *)WAVE_ID) {
        fprintf(stderr, "ファイルエラー：WAVEフォーマットでない\n");
        return EXIT_FAILURE;
    }

    /* 'fmt ' サブチャンク，'data' サブチャンクの情報を読む */
    while(1){
        read(filedesc.fd, &chunkID, sizeof(FOURCC));
        read(filedesc.fd, &chunkSize, sizeof(DWORD));
        if (chunkID == *(FOURCC *)FMT_ID) {
            if((chunkSize != FORMAT_CHUNK_PCM_SIZE) && (chunkSize !=FORMAT_CHUNK_EX_SIZE)
            && (chunkSize != FORMAT_CHUNK_EXTENSIBLE_SIZE)) {
                fprintf(stderr, "チャンクサイズ = %d でWAVE規定サイズではない\n", chunkSize);
                return EXIT_FAILURE;
            }

            /* サウンド・フォーマット情報を読み込む */
            read(filedesc.fd, &fmtdesc, FORMAT_CHUNK_PCM_SIZE);
            /* formatTagの値を検査する */
            if ((fmtdesc.formatTag != WAVE_FORMAT_PCM) && (fmtdesc.formatTag != WAVE_FORMAT_EXTENSIBLE)) {
                fprintf(stderr, "フォーマットコード＝%xでPCMフォーマットではない\n", fmtdesc.formatTag);
                return EXIT_FAILURE;
            }

            /* WAVEフォーマット区分単位で処理 */
            switch(chunkSize){
            case FORMAT_CHUNK_EXTENSIBLE_SIZE:
                lseek(filedesc.fd, 8, SEEK_CUR);
                read(filedesc.fd, &SubFormat, sizeof(GUID));
                if ( SubFormat.subFormatCode != WAVE_FORMAT_PCM){
                    fprintf(stderr, "拡張サブフォーマットコード＝%xでLPCMフォーマットではない\n", SubFormat.subFormatCode);
                    return EXIT_FAILURE;
                }
                else if (memcmp(SubFormat.wave_guid_tag, WAVE_GUID_TAG, 14) != 0){
                    fprintf(stderr, "GUIDタグ = %x でWAVE_GUID_TAGではない\n", (unsigned int)SubFormat.wave_guid_tag);
                    return EXIT_FAILURE;
                }
                else{
                    printf("チャンクサイズ＝%dでWAVEFORMATEXTENSIBLE 形式のLPCM\n", chunkSize);
                }
                break;
            case FORMAT_CHUNK_EX_SIZE:
                lseek(filedesc.fd, 2, SEEK_CUR);
                printf("チャンクサイズ＝%d で WAVEFORMATEX 形式のLPCM\n", chunkSize);
                break;
            default:
                printf("チャンクサイズ＝%d で 標準WAVE形式のLPCM\n", chunkSize);
                break;
            }
        }
        else if (chunkID == *(FOURCC *)DATA_ID){
            /* サウンドデータの全フレーム数を設定する */
            filedesc.frameSize = (long)chunkSize / (long)fmtdesc.dataFrameSize;
            break;
        }
        else{ /* その他のサブチャンクを読み飛ばす */
            lseek(filedesc.fd, (off_t)chunkSize, SEEK_CUR);
        }
    }
    return 0;
}
```

69

▶ 後始末

アプリケーション・プログラム終了時，または途中でエラーが生じた場合に，使用した各種リソースを解放して終了します．

● ユーティリティ関数 wave_read_header

WAVEファイルのフォーマットを解析するユーティリティ関数wave_read_headerを**リスト5-5**に示します．

wave_read_headerにおける処理の流れは，次のようになります．

▶ RIFF形式の判定

再生音源ファイルがRIFF形式かどうかを識別します．

▶ WAVE形式の判定

再生音源ファイルがWAVE形式かどうかを識別します．

▶ fmt チャンク情報の取得

フォーマット・コードがPCM符号を示すかどうかを判定し，PCM符号の場合にはfmtチャンクから再生サウンドのデータ・フォーマット情報を取得します．

▶ WAVEフォーマットの版識別

再生音源ファイルのWAVEフォーマットの版を識別します．

▶ サウンド・データの全サンプル・フレーム数の取得

data チャンクのチャンク・サイズ（バイト）を，サンプル・フレーム当たりのサイズ（バイト／サンプル・フレーム）で除して，サウンド・データの全サンプル・フレーム数を取得し，呼び出し元に戻ります．

リスト5-6　PCMデバイスにハードウェア・パラメータを設定するユーティリティ関数set_hwparams

```
/* PCMにHWパラメータを設定するユーティリティ関数の定義 */
int set_hwparams(snd_pcm_t *handle, snd_pcm_hw_params_t *hwparams)
{
 unsigned int rateNear;
 int err, dir;

 /* PCMに対する全構成空間のパラメータを充填する */
 err = snd_pcm_hw_params_any(handle, hwparams);
 if (err < 0) {
  fprintf(stderr, "ハードウェア構成破綻：適用できるハードウェア構成が無い：%s\n", snd_strerror(err));
  return err;
 }
 /* 構成空間を実際のハードウェア標本化速度のみを包含するように制限する */
 err = snd_pcm_hw_params_set_rate_resample(handle, hwparams, resample);
 if (err < 0) {
  fprintf(stderr, "再標本化の設定失敗：%s\n", snd_strerror(err));
  return err;
 }
 /* 構成空間を実際のアクセス方法のみを包含するように制限する */
 if (mmap) {
  err = snd_pcm_hw_params_set_access(handle, hwparams,
                                     SND_PCM_ACCESS_MMAP_INTERLEAVED);
 } else
  err = snd_pcm_hw_params_set_access(handle, hwparams,
                                     SND_PCM_ACCESS_RW_INTERLEAVED);
 if (err < 0) {
  fprintf(stderr, "アクセスタイプ非適用：%s\n", snd_strerror(err));
  return err;
 }

 /* 構成空間を唯一のフォーマットを包含するように制限する */
 err = snd_pcm_hw_params_set_format(handle, hwparams, format);
```

```c
  if (err < 0) {
    fprintf(stderr, "サンプルフォーマット非適用：%s\n", snd_strerror(err));
    fprintf(stderr, "適用可能フォーマット：\n");
    for (int fmt = 0; fmt <= SND_PCM_FORMAT_LAST; fmt++) {
      if (snd_pcm_hw_params_test_format(handle, hwparams, (snd_pcm_format_t)fmt) == 0)
        fprintf(stderr, "- %s\n", snd_pcm_format_name((snd_pcm_format_t)fmt));
    }
    return err;
  }

  /* 構成空間を唯一のチャンネル数を包含するように制限する */
  err = snd_pcm_hw_params_set_channels(handle, hwparams, numChannels);
  if (err < 0) {
    fprintf(stderr, "チャンネル数 (%i) は非適用：%s\n", numChannels, snd_strerror(err));
    return err;
  }
  /* 構成空間を標本化速度要求値に最も近い値に制限する */
  rateNear = rate;
  err = snd_pcm_hw_params_set_rate_near(handle, hwparams, &rateNear, 0);
  if (err < 0) {
    fprintf(stderr, "標本化速度 %iHz は非適用：%s\n", rate, snd_strerror(err));
    return err;
  }
  if (rateNear != rate) {
    fprintf(stderr, "標本化速度が整合しない (要求値 %iHz, 取得値 %iHz)\n", rate, rateNear);
    return -EINVAL;
  }

  /* 構成空間からbuffer_timeおよびperiod_timeの最大値を抽出する */
  err = snd_pcm_hw_params_get_buffer_time_max(hwparams, &buffer_time, &dir);
  if (buffer_time > 500000)
    buffer_time = 500000;             /* buffer timeの上限を500 msecに設定 */
  if (buffer_time > 0)
    period_time = buffer_time / 4;    /* bufferを4つのperiods (チャンク) に分割 */
  else{
    fprintf(stderr, "エラー：buffer_timeはゼロまたは負の値\n");
    return -EINVAL;
  }

  /* 構成空間をbuffer_time要求値に最も近い値に制限する */
  err = snd_pcm_hw_params_set_buffer_time_near(handle, hwparams, &buffer_time, &dir);
  if (err < 0) {
    fprintf(stderr, "buffer time設定不可 %i : %s\n", buffer_time, snd_strerror(err));
    return err;
  }

  /* 構成空間をperiod_time要求値に最も近い値に制限する */
  err = snd_pcm_hw_params_set_period_time_near(handle, hwparams, &period_time, &dir);
  if (err < 0) {
    fprintf(stderr, "period time設定不可 %i : %s\n", period_time, snd_strerror(err));
    return err;
  }

  /* 構成空間から選定された唯一のPCMハードウェア構成を導入し，PCMの準備を行う */
  err = snd_pcm_hw_params(handle, hwparams);
  if (err < 0) {
    fprintf(stderr, "ハードウェアパラメータ設定不可：%s\n", snd_strerror(err));
    return err;
  }

  /* 構成空間からbuffer_sizeとperiod_sizeを取得する */
  err = snd_pcm_hw_params_get_buffer_size(hwparams, &buffer_size);
  if (err < 0) {
    fprintf(stderr, "buffer size取得不可：%s\n", snd_strerror(err));
    return err;
  }
  err = snd_pcm_hw_params_get_period_size(hwparams, &period_size, &dir);
  if (err < 0) {
    fprintf(stderr, "period size取得不可：%s\n", snd_strerror(err));
    return err;
  }
  return 0;
}
```

> **Note**
> • 本書執筆時点で，音響機器メーカのWebサイトや商用ハイレゾ音源配信サイトから公式に入手できる
> ハイレゾ音源の中には，「標準PCM WAVEフォーマットのチャンク構造」，「非PCM WAVEフォーマ
> ットのチャンク構造」，「ハイレゾ/多チャネル対応WAVEフォーマットのチャンク構造」のものが混
> 在しているため，本実例プログラムではWAVEフォーマットの版識別の処理を行っています．

● ユーティリティ関数 set_hwparams

PCMデバイスにハードウェア・パラメータを設定するユーティリティ関数set_hwparamsを**リスト5-6**
に示します．

set_hwparamsにおける処理の流れは，次のようになります．各APIの詳細な説明は，適宜第3章の該当
箇所を参照してください．

▶ ハードウェア構成空間の充填

ALSA API snd_pcm_hw_params_anyにより，実引き数handleが示すPCMデバイスに対するハード
ウェア構成空間にパラメータを充填します．このAPIの実行に失敗した場合は，ALSA API snd_strerror
を使用して，エラーの内容およびALSAライブラリの戻すメッセージを端末に表示出力します．この後に続
く一連のAPIに対しても，同様にエラー処理を行います．

▶ 標本化速度変換の可不可設定

ALSA API snd_pcm_hw_params_set_rate_resampleにより，共通フラグ変数resampleの値に
応じた変換の可不可を設定します．

```
resample = 1（デフォルト）    ：標本化速度変換可
resample = 0              ：標本化速度変換不可
```

▶ アクセス方法の設定

ALSA API snd_pcm_hw_params_set_accessにより，アクセス・タイプをハードウェア構成空間に
設定します．転送方法制御フラグ変数mmapの値により，次のアクセス・タイプが設定されます．

```
mmap = 0（デフォルト）   ：SND_PCM_ACCESS_RW_INTERLEAVED
mmap =_1                ：SND_PCM_ACCESS_MMAP_INTERLEAVED
```

このアクセス・タイプとmainで設定制御する転送出力API関数の間には，一対一の対応関係があることに
ご留意ください．

▶ サンプル・フォーマットの設定

ALSA API snd_pcm_hw_params_set_formatにより，サンプル・フォーマットをハードウェア構成
空間に設定します．この実例プログラムでは，実引き数formatの値を再生音源の量子化ビット数に応じて
main関数で設定します．

この設定値が再生PCMデバイスに適用不可の場合，ALSA API snd_pcm_hw_params_test_format
により同デバイスに適用可能なフォーマットを検査し，識別された可能フォーマット名称をALSA API
snd_pcm_format_nameで端末に表示出力します．

▶ チャネル数の設定

ALSA API snd_pcm_hw_params_set_channelsにより，ユーティリティ関数wave_read_header
が音源ファイルから取得したチャネル数をハードウェア構成空間に設定します．

▶ 標本化速度の設定

ALSA API snd_pcm_hw_params_set_rate_nearにより，ユーティリティ関数wave_read_
headerが音源ファイルから取得した標本化速度に最も近い値をハードウェア構成空間に設定します．

▶バッファ時間長/転送周期時間長の設定

ALSA API snd_pcm_hw_params_get_buffer_time_maxにより，ハードウェア構成空間から，バッファ時間長の最大値を目標値として取得します．次にバッファ時間長の上限を500000μsec（500msec）になるように調整します．次いで，転送周期時間長の目標値をバッファ時間長の1/4に設定します．そして，ALSA API snd_pcm_hw_params_set_buffer_time_nearおよびsnd_pcm_hw_params_set_period_time_nearにより，これらの目標値に最も近いバッファ時間長と転送周期時間長を設定します．

▶ハードウェア構成の導入

ALSA API snd_pcm_hw_paramsにより構成空間から選定したハードウェア構成をPCMデバイスに導入します．実行に成功するとSND_STATE_SETUP状態に遷移します．その後，自動的にALSA API snd_pcm_prepareが実行され，SND_PCM_STATE_PREPARED状態に遷移します．

▶バッファ・サイズ/転送周期サイズの取得

ALSA API snd_pcm_hw_params_get_buffer_sizeおよびsnd_pcm_hw_params_get_period_sizeにより，ハードウェア構成空間からバッファサイズ，転送周期サイズ（単位は，サンプル・フレーム数）を取得し，呼び出し元に戻ります．これらの値はソフトウェア・パラメータ設定時に使用します．また，転送周期サイズは，サウンド・データの再生を行うユーティリティ関数write_ucharの中で，アプリケーション・プログラムとALSAライブラリ間のデータ転送を中継するデータブロックのサイズとしても使用します．

●ユーティリティ関数 set_swparams

PCMデバイスにソフトウェア・パラメータを設定するユーティリティ関数set_swparamsをリスト5-7に示します．

リスト5-7　PCMデバイスにソフトウェア・パラメータを設定するユーティリティ関数set_swparams

```
/* PCMにSWパラメータを設定するユーティリティ関数の定義 */
int set_swparams(snd_pcm_t *handle, snd_pcm_sw_params_t *swparams)
{
  int err;

  /* PCMに対する現在のソフトウェア構成を戻す */
  err = snd_pcm_sw_params_current(handle, swparams);
  if (err < 0) {
    fprintf(stderr, "現在のソフトウェアパラメータ確定不可：%s¥n", snd_strerror(err));
    return err;
  }

  /* バッファが殆ど満杯となる再生開始閾値(frames)を設定する */
  err = snd_pcm_sw_params_set_start_threshold(handle, swparams, (buffer_size / period_size) * period_size);
  if (err < 0) {
    fprintf(stderr, "再生開始閾値モード設定不可：%s¥n", snd_strerror(err));
    return err;
  }

  /* PCMデバイスが再生可能とみなす最小のフレームサイズを設定する */
  err = snd_pcm_sw_params_set_avail_min(handle, swparams, period_size);
  if (err < 0) {
    fprintf(stderr, "avail min設定不可：%s¥n", snd_strerror(err));
    return err;
  }

  /* ソフトウェアパラメータを再生デバイスに書き込む */
  err = snd_pcm_sw_params(handle, swparams);
  if (err < 0) {
    fprintf(stderr, "ソフトウェアパラメータ設定不可：%s¥n", snd_strerror(err));
    return err;
  }
  return 0;
```

set_swparamsにおける処理の流れは，次のようになります．

▶ 現在のソフトウェア構成の取得

ALSA API snd_pcm_sw_params_currentにより，PCMデバイスに対する現在のソフトウェア構成を取得します．

▶ 再生開始閾値の設定

ALSA API snd_pcm_sw_params_set_start_thresholdにより，ストリームが自動的に開始されるオーディオ・バッファ内のサンプル・フレーム数を設定します．ここではバッファサイズの近似値を閾値として設定します．換言すれば，オーディオ・バッファがほぼサンプル・データで満杯になると再生ストリームが自動的に開始されます．

▶ 再生可能最小サンプル・フレーム数の設定

ALSA API snd_pcm_sw_params_set_avail_minにより，PCMデバイスを転送可能状態とみなすために適用されるサンプル・フレーム数の最小値を設定します．ここでは，転送周期サイズをこの最小値として設定します．

▶ ソフトウェア・パラメータの導入

ALSA API snd_pcm_sw_paramsにより，PCMデバイスにソフトウェア・パラメータを導入し，呼び出し元に戻ります．

● ユーティリティ関数　write_uchar

サウンド・データの再生を行うユーティリティ関数write_ucharを**リスト5-8**に示します．
write_ucharにおける処理の流れは，次のようになります．

▶ データブロックへのメモリ割り当て

サウンド・ファイルから読み込んだサンプル・フレームを保存し，オーディオ・バッファに出力転送するための中継領域となるデータブロックにメモリを割り当てます．転送周期サイズのサンプル・フレーム数に対応するバイト数をデータブロックのメモリ・サイズとして割り当てます．

▶ サウンド・データの読み込み

Cのファイル入力関数readにより，サウンド・ファイルからデータブロックにサンプル・フレームを読み込みます．

▶ サウンド・データの転送

ALSA APIの再生転送関数へのポインタwritei_funcにより，データブロック内のサンプル・フレームをPCMデバイスに転送します．PCMデバイスのリソースが一時的に使用不可の場合は，使用可になるまで転送を再試行します．また，アンダーランなどの転送エラーが発生した場合は，ALSA API snd_pcm_recoverにより回復を試みます．

▶ PCMデバイスの停止

ファイル内の全サウンド・データの再生を完了したら，ALSA API snd_pcm_dropによりPCMデバイスを停止させ，呼び出し元に戻ります．

● ユーティリティ関数　usage

使用法を表示するユーティリティ関数usageを**リスト5-9**に示します．usageは，実行時オプション-hまたは--helpが指定された場合，またはプログラムの使用方法に誤りがある場合に使用方法を端末に表示出力し，呼び出し元に戻ります．

第5章 WAVE再生プログラム

リスト5-8 サウンド・データの再生を行うユーティリティ関数write_uchar

```
/* サウンドデータの再生を行うユーティリティ関数の定義 */
int write_uchar(snd_pcm_t *handle)
{
  unsigned char *bufPtr;                             /* 再生フレームバッファ */
  unsigned short frameBytes = fmtdesc.dataFrameSize; /* 1フレームのバイト数 */
  const long numSoundFrames = filedesc.frameSize;    /* 再生サウンド総フレーム数 */
  long nFramesBytes, frameCount, numPlayFrames = 0;  /* 再生済フレーム数の初期化 */
  long readFrames, resFrames = numSoundFrames;       /* 未再生フレーム数の初期化 */
  int err = 0;

  /* オーディオサンプルの転送に適用するデータブロックにメモリを割り当てる */
  unsigned char *frameBlock = (unsigned char *)malloc(period_size * frameBytes);
  if (frameBlock == NULL) {
    fprintf(stderr, "メモリ不足でデータブロックを割当てられない¥n");
    err = EXIT_FAILURE;
    goto cleaning;
  }

  nFramesBytes = (long)(period_size * frameBytes);   /* サウンドファイルから読み込むバイト数の初期化 */
  while(resFrames>0){
    readFrames = (long)(read(filedesc.fd, frameBlock, (size_t)nFramesBytes)/frameBytes);
    frameCount = readFrames; /* 書き込むサンプルフレーム数の初期値をサウンドファイルから読み込むフレーム数に設定 */
    bufPtr = frameBlock;       /* 書き込むサンプルのポインタの初期値をフレームブロックの先頭に設定 */
    while (frameCount > 0) {
      err = (int)writei_func(handle, bufPtr, (snd_pcm_uframes_t)frameCount);
                                                     /* PCMデバイスにサウンドフレームを転送 */
      if (err == -EAGAIN)
        continue;
      if (err < 0) {
        if (snd_pcm_recover(handle, err, 0) < 0) {
          fprintf(stderr, "Write転送エラー：%s¥n", snd_strerror(err));
          goto cleaning;
        }
        break;                     /* 1データブロック周期をスキップ */
      }
      bufPtr += err * frameBytes; /* フレームバッファのポインタを実際に書いたフレーム数に
                                              フレーム当りのバイト数を乗じた分だけ進める */
      frameCount -= err;          /* フレームバッファ中に残存する書き込み可能なフレーム数を算定 */
    }
    numPlayFrames += readFrames;

    /* データ・ブロック長以下の残データフレーム数の計算 */
    if ((resFrames = numSoundFrames - numPlayFrames) <= (long)period_size)
      nFramesBytes = (long)(resFrames * frameBytes);
  }
  snd_pcm_drop(handle);
  printf(" 合計 %lu フレームを再生して終了¥n", numPlayFrames);
  err = 0;
cleaning:
  if(frameBlock != NULL)
    free(frameBlock);
  return err;
}
```

リスト5-9 使用法を表示するユーティリティ関数usage

```
/* 使用法を表示するユーティリティ関数の定義 */
void usage(void)
{
  int k;
  printf(
      "使用法：wave_rw_player_uchar [オプション]... [サウンドファイル]...¥n"
      "-h,--help              使用法¥n"
      "-D,--device=デバイス名   再生デバイス¥n"
      "-m,--mmap              mmap_write転送¥n"
      "-v,--verbose           パラメータ設定値表示¥n"
      "-n,--noresample        再標本化禁止¥n"
      "¥n");
  printf("適用サンプルフォーマット：");
  for (k = 0; k < SND_PCM_FORMAT_LAST; ++k) {
    const char *s = snd_pcm_format_name((snd_pcm_format_t)k);
    if (s)
      printf(" %s", s);
  }
  printf("¥n");
}
```

■第4項　実行プログラム生成/動作確認

一般的に，自作した再生プログラムの動作確認を行う場合には，次の事項に十分留意する必要があります．

(a) 動作確認前には，アンプなどの再生ボリュームを可聴できる最小レベルに設定して，実行中の動作不良による聴覚上のダメージおよびスピーカなどへの悪影響を回避すること．

(b) 動作確認のために再生する音源は，正常な再生またはデータ仕様が保証されている既存のサウンド音源を用いること．

(c) 動作確認のための音源を自作する場合は，正常な動作が保証されている既存のオーディオ再生ソフトウェアで同音源データの正当性を検証してから使用すること．

● 実行プログラム生成

実行プログラムの生成は，端末から**リスト5-10**のように行います．

gccのオプションは，次の指定を行います．

```
-o           実行プログラム
-l           リンクするライブラリ
-std=gnu99   GNU標準への拡張
```

● 動作確認システム構成

図5-3のような構成で，実例プログラムの動作を確認します．この図で破線部分のライブラリは，この実

リスト5-10　WAVE再生プログラム（標準read/write転送）**の生成**

```
$ gcc -o wave_rw_player_uchar wave_rw_player_uchar.c -lasound -std=gnu99 ↵
```

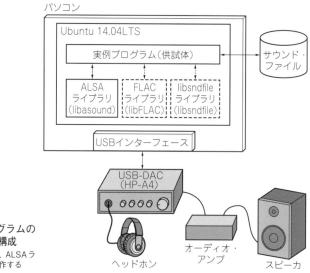

図5-3　WAVE再生プログラムの動作確認システム構成
この実例プログラムは，ALSAライブラリを適用して動作する

表5-5　動作確認適用USB DAC（Fostex HP-A4）**の仕様**

項　目	仕　様
USBインターフェース	USBハイスピード，USB Audio Class 2.0 対応
リニアPCM対応サンプリング周波数[Hz]	44.1 k，48 k，88.2 k，96 k，176.4 k，192 k
リニアPCM対応量子化ビット数[ビット]	16，24

例プログラムでは使用しないことを示します（以降の実例プログラムでも同様に表記する）．

　ここで，USB -DACは，ALSAライブラリから見るとhw:1,0またはplughw:1,0で表現されるPCMデバイスとなります．動作確認に適用したUSB -DAC（Fostex HP-A4）の主な仕様は，**表5-5**のようになります．

● 動作確認結果
　次に基本的な試験ケースにおける動作確認結果を示します（**リスト5-11**，**リスト5-12**）．
　（1）再生確認（snd_pcm_writeiによる転送）
　PCMデバイスとしてplughw:1,0を指定し，試験音源tone2_24_192000.wav（24bit，192kHz，ス

リスト5-11　再生（snd_pcm_writeiによる転送）**結果**

```
$ ./wave_rw_player_uchar -Dplughw:1,0 '/home/WAVE/tone2_24_192000.wav' ⏎

チャンクサイズ　＝　16 で 標準WAVE形式のLPCM
*** サウンドファイル情報 ***
ファイル名：/home/WAVE/tone2_24_192000.wav
標本化速度：192000Hz
チャンネル数：2チャンネル
データフォーマット：符号付24bit
再生時間：5秒

*** ALSAパラメータ ***
内部フォーマット：S24_3LE
PCMデバイス：plughw:1,0
転送方法：write

 合計　960000 フレームを再生して終了
```

リスト5-12　再生（plughwデバイスによる標本化速度変換）**結果**（つづく）━━━

```
$ ./wave_rw_player_uchar -Dplughw:1,0 -v '/home/WAVE/tone2_16_50000.wav' ⏎

チャンクサイズ　＝　16 で 標準WAVE形式のLPCM
*** サウンドファイル情報 ***
ファイル名：/home/WAVE/tone2_16_50000.wav
標本化速度：50000Hz
チャンネル数：2チャンネル
データフォーマット：符号付16ビット
再生時間：5秒

*** PCM情報一覧 ***
Plug PCM: Rate conversion PCM (48000, sformat=S32_LE)  ◀━ 標本化速度変換
Converter: libspeex (builtin)                               50000Hz→48000Hzへ
Protocol version: 10002
Its setup is:
    stream      : PLAYBACK
    access      : RW_INTERLEAVED  ◀━ 標準read/write転送方式でアクセス
    format      : S16_LE
    subformat   : STD
    channels    : 2
    rate        : 50000
    exact rate  : 50000 (50000/1)
    msbits      : 16
    buffer_size : 25000
    period_size : 6250
    period_time : 125000
    tstamp_mode : NONE
    period_step : 1
    avail_min   : 6250
    period_event : 0
    start_threshold    : 25000
    stop_threshold     : 25000
    silence_threshold  : 0
```

リスト5-12　再生（plughwデバイスによる標本化速度変換）**結果**（つづき）

```
  silence_size : 0
  boundary     : 1638400000
Slave: Hardware PCM card 1 'FOSTEX USB AUDIO HP-A4' device 0 subdevice 0
Its setup is:
  stream       : PLAYBACK
  access       : MMAP_INTERLEAVED
  format       : S32_LE
  subformat    : STD
  channels     : 2
  rate         : 48000
  exact rate   : 48000 (48000/1)
  msbits       : 32
  buffer_size  : 24001
  period_size  : 6000
  period_time  : 125000
  tstamp_mode  : NONE
  period_step  : 1
  avail_min    : 6000
  period_event : 0
  start_threshold     : 24000
  stop_threshold      : 24001
  silence_threshold   : 0
  silence_size : 0
  boundary     : 1572929536
  appl_ptr     : 0
  hw_ptr       : 0

*** ALSAパラメータ ***
内部フォーマット：S16_LE
PCMデバイス：plughw:1,0
転送方法：write

  合計　250000 フレームを再生して終了
```

テレオ）を再生した結果は**リスト5-11**のようになります．試験音源の詳細な仕様，ファイル名規則については，第2章を参照してください．

　スピーカまたはヘッドホンにより，5秒間で減衰する音叉音が正常に再生されることを確認します．また，確認結果のリストは省略しますが，上記と同様の設定に-mまたは--mmapオプションを追加して実行すると，snd_pcm_mmap_writeiによる転送を適用した再生結果を確認できます．

　（2）再生確認（plughwデバイスによる標本化速度変換）

　PCMデバイスとしてplughw:1,0を指定し，試験音源tone2_16_50000.wav（16bit, 50kHz, ステレオ）を再生した結果は**リスト5-12**のようになります．標本化速度変換処理を確認するために-vオプションを指定します．

　標本化速度変換により，USB-DACの仕様に適合する標本化速度，48kHzに変換されて正常に再生されることが確認できます．

　（3）使用方法の表示出力確認

　実行時オプションの誤設定，または再生サウンド・ファイルのパス名を指定しなかった場合の実行結果は，**リスト5-13**のようになります．

　-hまたは--helpオプションを付けて実行しても同様の表示出力が得られます．

　基本的な動作確認が完了したら，各位が保有するWAVEフォーマットの音源を再生し，実用性を確認します．

リスト5-13　使用方法の表示結果

```
$ ./wave_rw_player_uchar⏎

使用法：wave_rw_player_uchar [オプション]... [サウンドファイル]...
-h,--help                使用法
-D,--device=デバイス名    再生デバイス
-m,--mmap                mmap_write転送
-v,--verbose             パラメータ設定値表示
-n,--noresample          再標本化禁止

適用サンプルフォーマット：S8 U8 S16_LE S16_BE U16_LE U16_BE S24_LE S24_BE U24_LE U24_BE S32_LE S32_BE U32_LE U32_
BE FLOAT_LE FLOAT_BE FLOAT64_LE FLOAT64_BE IEC958_SUBFRAME_LE IEC958_SUBFRAME_BE MU_LAW A_LAW IMA_ADPCM
MPEG GSM SPECIAL S24_3LE S24_3BE U24_3LE U24_3BE S20_3LE S20_3BE U20_3LE U20_3BE S18_3LE S18_3BE U18_3LE
U18_3BE G723_24 G723_24_1B G723_40 G723_40_1B DSD_U8 DSD_U16_LE
```

> ## Note
>
> - UNIX系のOSであるLinuxでは，基本的に複数のプロセスがスケジュールされたタイムシェアリング
>   で実行されています．サウンド再生プログラムのようなデータ転送処理の性能要求が厳しいプロセス
>   では，スケジュール上の優先順位を相対的に上げて実行することで，より良好な処理性能を担保する
>   ことが可能です．Linuxでは，このために管理者権限で端末からniceコマンドを使用してプログラム
>   を実行することで，簡便に優先度を上げて実行できます．例えば，次のコマンドでは，最も高い優先
>   度を表す値-20を設定して，サウンド再生プログラムを実行できます．
>   ```
>   $  sudo nice  -n -20  ./wave_rw_player_uchar  -Dplughw:1,0 `/home/
>   tone2_24_192000.wav`⏎
>   ```

第3節　WAVE再生プログラムの作成（直接read/write転送）

　ここでは，直接read/write転送を適用したWAVEフォーマットの再生プログラムを作成します．大部分
の要求仕様や実装コードは，第2節で作成した標準read/write版と共通になるため，ここでは主として異な
る部分について説明します．

■第1項　要求仕様

作成するサウンド再生プログラムの要求仕様は，次のとおりとします．

▶再生サウンド・ファイル仕様

ファイル・フォーマット：WAVE
データ・フォーマット：LPCM
標本化速度［kHz］：44.1, 48, 96, 192
量子化ビット数：16, 24, 32

▶ソース・ファイル名

wave_direct_player_uchar.c

▶ヘッダ・ファイル名

WaveFormat.h

▶実行ファイル名

wave_direct_player_uchar

▶使用方法

$ 実行ファイル名［オプション...］"再生音源ファイルのパス名"

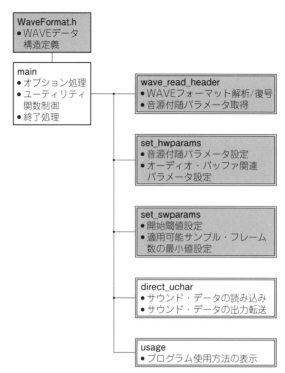

図5-4 WAVE再生プログラム(直接read/write転送)の構成
ハッチング部分は、標準read/write転送プログラムと同一のソース・コードとなる

実行時オプション：

```
-h,--help            使用法を示すオプション
-D,--device=デバイス名  再生デバイス名を指定するオプション
-v,--verbose         パラメータ設定値を詳細に表示するオプション
-n,--noresample      再標本化を禁止するオプション
```

後述する理由により，標準read/write版にあった`-m, --mmap`オプションがなくなります．

■第2項　プログラム構成

このプログラムの構成は，**図5-4**のようになります．この図で灰色部分のコードは，第2節の標準read/write版のソース・コードと同一内容のため説明を省略します．

■第3項　ソース・コード定義

● ソース・コード構成

`wave_direct_player_uchar.c`のソース・コードの構成は**リスト5-14**のようになります．第2節で説明した標準read/write転送プログラムから，太字の範囲のコードが変更または追加となります．以下，これらの範囲のコードについて説明します．

● 共通データ定義/プロトタイプ宣言

ソース・コードの冒頭の共通データ定義/プロトタイプ宣言は標準read/write転送版から**リスト5-15**の太字部分が変更・追加されます．

第5章 WAVE再生プログラム

リスト5-14 wave_direct_player_uchar.cのソース・コード構成

```
/********************************************************************************
 実例プログラム：WAVEサウンド・ファイル再生プログラム
          - mmap_direct転送 -
 ソースコード：wave_direct_player_uchar.c
 ********************************************************************************/
#include <getopt.h>
#include "alsa/asoundlib.h"
#include "WaveFormat.h"

/*** 共通データ定義/ユーティリティ関数プロトタイプ宣言 ***/   ←──( リスト5-15 )
...
/* 再生ファイルからWAVEヘッダのデータを読み込むユーティリティ関数の定義 */
int wave_read_header(void) ←
{                         ( リスト5-5 )
...
}

/* PCMにHWパラメータを設定するユーティリティ関数の定義 */
int set_hwparams(snd_pcm_t *handle, snd_pcm_hw_params_t *hwparams)  ←──( リスト5-6 )
{
...
}
/* PCMにSWパラメータを設定するユーティリティ関数の定義 */
int set_swparams(snd_pcm_t *handle, snd_pcm_sw_params_t *swparams)  ←──( リスト5-7 )
{
...
}

/* サウンドデータの再生を行うユーティリティ関数の定義(SND_PCM_ACCESS_MMAP_INTERLEAVE)*/
int direct_uchar(snd_pcm_t *handle) ←
{                                  ( リスト5-17 )
...
}

/* 使用法を表示するユーティリティ関数の定義 */
void usage(void) ←
{               ( リスト5-18 )
...
}

int main(int argc, char *argv[]) ←──( リスト5-16 )
{
...
}
```

リスト5-15 共通データ定義，および関数プロトタイプ宣言（つづく）───────

```
/********************************************************************************
 実例プログラム：WAVEサウンド・ファイル再生プログラム
                - mmap_direct転送 -
 ソースコード：wave_direct_player_uchar.c
 ********************************************************************************/
#define _FILE_OFFSET_BITS 64

#include <getopt.h>
#include "alsa/asoundlib.h"
#include "WaveFormat.h"

/*** ユーティリティ関数プロトタイプ宣言 ***/
static int wave_read_header(void);
static int set_hwparams(snd_pcm_t *handle, snd_pcm_hw_params_t *hwparams);
static int set_swparams(snd_pcm_t *handle, snd_pcm_sw_params_t *swparams);
static int direct_uchar(snd_pcm_t *handle);        直接read/write転送によりサウンド・データの
static void usage(void);                           再生を行うユーティリティ関数

/*** ALSAライブラリのパラメータ初期化 ***/
static char *device = "plughw:0,0";                    /* 再生PCMデバイス名 */
static snd_pcm_format_t format = SND_PCM_FORMAT_S32_LE; /* サンプル・フォーマット */
static unsigned int rate = 44100;                      /* 標本化速度(Hz) */
```

81

リスト5-15 共通データ定義，および関数プロトタイプ宣言（つづき）

```
static unsigned int numChannels = 1;              /* チャンネル数 */
static unsigned int buffer_time = 0;              /* バッファ時間長(μsec)*/
static unsigned int period_time = 0;              /* 転送周期時間長(μsec)*/
static snd_pcm_uframes_t buffer_size = 0;         /* バッファサイズ(符号なしフレーム数)*/
static snd_pcm_uframes_t period_size = 0;         /* データブロック・サイズ(符号なしフレーム数)*/
static snd_output_t *output = NULL;               /* 出力オブジェクトに対するALSA内部構造体へのハンドル */
                                                  ⎛ SND_PCM_ACCESS_MMAP_INTERLEAVEDに固定 ⎞
/*** アプリケーション制御フラグの初期化 ***/
static int mmap = 1;                   /* 転送方法制御フラグ */
static int verbose = 0;                /* 詳細情報表示フラグ：set=1 clear=0 */
static int resample = 1;               /* 標本化速度変換設定フラグ：set=1 clear=0 */

/*** ユーザ・データの宣言 ***/
static WAVEFORMATDESC fmtdesc;
static WAVEFILEDESC filedesc;
```

▶ プロトタイプ宣言の追加

writei_funcのプロトタイプ宣言を削除し，代わりに直接read/write転送によりサウンド・データの再生を行うユーティリティ関数direct_ucharのプロトタイプ宣言を新規追加します．

▶ 転送方法制御フラグの初期値変更

mmapの初期値を1とし，アクセス・タイプをSND_PCM_ACCESS_MMAP_INTERLEAVEDに固定するようにします．

● 全体制御 main

再生プログラム全体を制御するmain関数をリスト5-16に示します．このリストでも標準read/write版から変更する部分のみを太字で識別し，その他の同じコード内容の部分は全て省略しています．

▶ 転送方法名の値変更

本実例プログラムは直接read/write転送方式による再生に特化するので，転送方法名は"mmap_direct"に初期設定し，固定します．

▶ 実行時オプション処理

前項と同様の理由で-m，--mmapオプション，および転送方法制御フラグ変数mmapに関わるコードを全て削除またはコメント・アウトします．

▶ サウンド再生ユーティリティ関数呼び出し名の変更

サウンド・データの再生を行うユーティリティ関数の呼び出し名を新規追加した直接read/write転送に対応するdirect_ucharに変更します．

● ユーティリティ関数 direct_uchar

サウンド・データの再生を行うユーティリティ関数direct_ucharをリスト5-17に示します．direct_ucharにおける処理の流れは，次のようになります．

▶ 変数定義/初期化

直接read/write転送に適用するALSA APIが規定する引き数を定義します．また，PCMストリームの開始を制御するフラグtoStartを1に初期化し，準備状態を識別します．PCMストリームが開始すると，このフラグを0にクリアし，開始状態を識別します．

また，オーディオ・バッファ内のデータブロックのアドレスを示す配列変数mmap[]を定義します．ハードウェア・パラメータ設定において，バッファサイズを4つの転送周期データブロックに分割したことに伴い，配列mmap[]の要素数は4とします．

次に，未再生のサンプル・フレームが残存する間，whileループ内で一連の再生転送処理を実行します：

82

リスト5-16 main関数

```
int main(int argc, char *argv[])
{
 static const struct option long_option[] =
  {
   {"help", 0, NULL, 'h'},
   {"device", 1, NULL, 'D'},
   {"verbose", 0, NULL, 'v'},
   {"noresample", 0, NULL, 'n'},
   {NULL, 0, NULL, 0},
  };
 …(途中省略)
 unsigned char *transfer_method = "mmap_direct";  /* 転送方法名 */
 …(途中省略)
 while ((c = getopt_long(argc, argv, "hD:vn", long_option, NULL)) != -1) {
  switch (c) {
  case 'h':
   usage();
   return 0;
  case 'D':
   device = strdup(optarg);  /* 再生デバイス名の指定 */
   break;
  case 'v':
   verbose = 1;
   break;
  case 'n':
   resample = 0;
   break;
  default:
   fprintf(stderr, "`--help'で使用方法を確認¥n");
   return EXIT_FAILURE;
  }
 }
 …(途中省略)
 /* ユーティリティ関数によりファイルからデータを読み，ALSA転送関数に渡してサウンドを再生する */
 err = direct_uchar(handle);
 …(途中省略)
 return exit_code;
}
```

/*** whileループ開始 ***/

▶ 書き込み可能なフレーム数の取得

ALSA API snd_pcm_avail_updateにより，オーディオ・バッファに書き込み可能なサンプル・フレーム数を取得します．このAPIの実行結果の戻り値availに応じて，次のように転送処理を制御します．

（1）avail < 0

snd_pcm_avail_update の実行エラーです．ALSA API snd_pcm_recoverにより，回復を試みます．

（2）avail < nFramesかつtoStart ==1

オーディオ・バッファがほぼ満杯で，なおかつPCMストリームが開始していない初期状態の場合です．

ALSA API snd_pcm_startにより，PCMストリームを開始します．

（3）avail < nFramesかつtoStart ==0の場合

PCMストリームの再生中で，オーディオ・バッファがほぼ満杯の場合です．ALSA API snd_pcm_waitにより，PCMストリームの出力が可能になるまで待機します．

▶ mmap領域の割り当てを取得

ALSA API snd_pcm_mmap_beginにより，直接read/writeアクセスするmmap領域の割り当てを取得します．

▶ 転送データブロックのアドレス設定

オーディオバッファを4分割した各転送データブロックのアドレスを算定します．再生中は，これらの転送

リスト5-17　サウンド・データの再生を行うユーティリティ関数direct_uchar

```
/* サウンドデータの再生を行うユーティリティ関数の定義(SND_PCM_ACCESS_MMAP_INTERLEAVED) */
int direct_uchar(snd_pcm_t *handle)
{
 const snd_pcm_channel_area_t *areas;            /* mmap領域構造体 */
 snd_pcm_uframes_t offset, frames;               /* offset:mmap領域オフセット */
 snd_pcm_sframes_t avail, transferFrames;
 unsigned short frameBytes = fmtdesc.dataFrameSize;  /* 1フレームのバイト数 */
 const long numSoundFrames = filedesc.frameSize;     /* 再生サウンド総フレーム数 */
 long nFrames, numPlayFrames = 0;                    /* 再生済フレーム数の初期化 */
 long readFrames, resFrames = numSoundFrames;        /* 未再生フレーム数の初期化 */
 unsigned int steps;                                 /* 隣接サンプル間距離(バイト単位) */
 int err = 0, toStart = 1, i = 0;
 unsigned char *frameBlock ;
 unsigned char *mmap[4];

 nFrames = (long)period_size;                    /* 1回の転送フレーム数の要求値の初期設定 */
 while(resFrames > 0){
   /* 再生用に書き込み可能なフレーム数を取得する */
   avail = snd_pcm_avail_update(handle);
   if (avail < 0) {
    if ((err = snd_pcm_recover(handle, (int)avail, 0)) < 0) {
       fprintf(stderr, "書き込み可能フレーム取得失敗：%s¥n", snd_strerror(err));
       return err;
    }
    toStart = 1;
    continue;
   }

   if (avail < nFrames) {
    if (toStart) {
       toStart = 0;
       err = snd_pcm_start(handle);      /* PCMを明示的に開始 */
       if (err < 0) {
        fprintf(stderr, "PCM開始エラー：%s¥n", snd_strerror(err));
        return err;
       }
    } else {
       err = snd_pcm_wait(handle, -1);   /* PCMがready状態になるまで待機 */
       if (err < 0) {
        if ((err = snd_pcm_recover(handle, err, 0)) < 0) {
         fprintf(stderr, "PCM待機エラー：%s¥n", snd_strerror(err));
         return err;
        }
        toStart = 1;
       }
    }
    continue;
```

ブロックを巡回的に適用します.

▶ サウンド・データの読み込み

　C言語のファイル入力関数readにより，サウンド・ファイルからデータブロックにサンプル・フレームを読み込みます.

▶ サウンド・データの転送

　ALSA API snd_pcm_mmap_commitにより，データブロック内のサンプル・フレームを出力転送します.
`/*** whileループ終了***/`

▶ PCMデバイスの停止

　ファイル内の全サウンド・データの再生を完了したら，ALSA API snd_pcm_dropにより，PCMデバイスを停止させ，呼び出し元に戻ります.

```c
    }
    frames = (snd_pcm_uframes_t)nFrames;
    /* mmap領域へのアクセスを要求する */
    err = snd_pcm_mmap_begin(handle, &areas, &offset, &frames);
    if (err < 0) {
      if ((err = snd_pcm_recover(handle, err, 0)) < 0) {
        fprintf(stderr, "mmap領域アクセス失敗：%s¥n", snd_strerror(err));
        return err;
      }
      toStart = 1;
    }

    /* 転送データ・ブロックをmmap領域に設定する */
    if(i < 4){
    mmap[i] = (unsigned char *)areas->addr + (areas->first / 8);
    steps = areas->step / 8 ;
    mmap[i] += (unsigned int)offset * steps;
    }
    frameBlock = mmap[i % 4];

    /* 転送データ・ブロック配列にサウンド・フレームを読み込む */
    readFrames = (long)(read(filedesc.fd, frameBlock, (size_t)(frames * frameBytes))/frameBytes);

    /* mmap領域のデータを転送する */
    transferFrames = snd_pcm_mmap_commit(handle, offset, (snd_pcm_uframes_t)readFrames);
    if (transferFrames < 0 || (snd_pcm_uframes_t)transferFrames != frames) {
      if ((err = snd_pcm_recover(handle, transferFrames >= 0 ? -EPIPE : (int)transferFrames, 0)) < 0) {
        fprintf(stderr, "mmap領域コミットエラー：%s¥n", snd_strerror(err));
        return err;
      }
      toStart = 1;
    }

    numPlayFrames += (long)transferFrames;

    /* データ・ブロック長以下の残データ・フレーム数の計算 */
    if ((resFrames = numSoundFrames - numPlayFrames) <= (long)period_size){
    nFrames = resFrames;
    }
    i++;
  }

  snd_pcm_drop(handle);
  printf(" 合計 %lu フレームを再生して終了¥n", numPlayFrames);
  return 0;
}
```

● ユーティリティ関数　usage

　使用法を表示するユーティリティ関数usageを**リスト5-18**に示します．実行プログラム名の変更および実行時オプション-m，--mmapの説明が不要となったことを除いては，**リスト5-9**と全く同様です．

■ **第4項　実行プログラム生成/動作確認**

● 実行プログラム生成

　実行プログラムの生成は，端末で**リスト5-19**のように行います．

● 動作確認システム構成

　図5-3と同様の構成で実例プログラムの動作を確認します．

リスト5-18　使用法を表示するユーティリティ関数usage

```
/* 使用法を表示するユーティリティ関数の定義 */
void usage(void)
{
 int k;
 printf(
        "使用法：wave_direct_player_uchar [オプション]… [サウンドファイル]…¥n"
        "-h,--help　使用法¥n"
        "-D,--device　再生デバイス¥n"
        "-v,--verbose　パラメータ設定値表示¥n"
        "-n,--noresample　再標本化禁止¥n"
        "¥n");
 printf("適用サンプル・フォーマット：");
 for (k = 0; k < SND_PCM_FORMAT_LAST; ++k) {
  const char *s = snd_pcm_format_name((snd_pcm_format_t)k);
  if (s)
    printf(" %s", s);
 }
 printf("¥n");
}
```

リスト5-19　WAVE再生プログラム（直接read/write転送）の生成

```
$ gcc -o wave_direct_player_uchar wave_direct_player_uchar.c -lasound -std=gnu99 ↵
```

● **動作確認結果**

　基本的な試験ケースにおける動作確認結果を示します．

　PCMデバイスとしてplughw:1,0を指定し，試験音源tone2_16_50000.wav（16bit，50kHz，ステレオ）を再生した結果はリスト5-20のようになります．標本化速度変換処理を確認するために-vオプションを指定します．

　これは標準read/write転送方式の実例プログラムの試験ケース，リスト5-12と同一音源による動作確認結果です．両者を見比べると標準read/write転送方式では，アクセス・タイプがRW_INTERLEAVEDになっていたのに対して，直接read/write転送方式の場合は，MMAP_INTERLEAVEDで再生を実行していることが識別されます．

　標準read/write転送方式の実例プログラムと同様の基本的な動作確認が完了したら，各位が保有するWAVEフォーマットの音源を再生し，直接read/write転送方式実例プログラムの実用性を確認します．

リスト5-20　直接read/write転送による再生結果例

```
$ ./wave_direct_player_uchar -Dplughw:1,0 '/home/WAVE/tone2_16_50000.wav' ⏎

チャンクサイズ ＝ 16 で 標準WAVE形式のLPCM
*** サウンドファイル情報 ***
ファイル名：/home/WAVE/tone2_16_50000.wav
標本化速度：50000Hz
チャンネル数：2チャネル
データフォーマット：符号付16ビット
再生時間：5秒
                                      ┌─────────────────┐
                                      │ 標本化速度変換      │
                                      │ 50000Hz→48000Hz │
                                      └──────┬──────────┘
*** PCM情報一覧 ***                          ▼
Plug PCM: Rate conversion PCM (48000, sformat=S32_LE)
Converter: libspeex (builtin)
Protocol version: 10002
Its setup is:
 stream    : PLAYBACK
 access    : MMAP_INTERLEAVED ◄──⟨ 直接read/write転送方式でアクセス ⟩
 format    : S16_LE
 subformat : STD
 channels  : 2
 rate      : 50000
 exact rate : 50000 (50000/1)
 msbits    : 16
 buffer_size : 25000
 period_size : 6250
 period_time : 125000
 tstamp_mode : NONE
 period_step : 1
 avail_min  : 6250
 period_event : 0
 start_threshold : 25000
 stop_threshold  : 25000
 silence_threshold: 0
 silence_size : 0
 boundary   : 1638400000
Slave: Hardware PCM card 1 'FOSTEX USB AUDIO HP-A4' device 0 subdevice 0
Its setup is:
 stream    : PLAYBACK
 access    : MMAP_INTERLEAVED
 format    : S32_LE
 subformat : STD
 channels  : 2
 rate      : 48000
 exact rate : 48000 (48000/1)
 msbits    : 32
 buffer_size : 24001
 period_size : 6000
 period_time : 125000
 tstamp_mode : NONE
 period_step : 1
 avail_min  : 6000
 period_event : 0
 start_threshold : 24000
 stop_threshold  : 24001
 silence_threshold: 0
 silence_size : 0
 boundary   : 1572929536
 appl_ptr   : 0
 hw_ptr     : 0

*** ALSAパラメータ ***
内部フォーマット：S16_LE
PCMデバイス：plughw:1,0
転送方法：mmap_direct

合計 250000 フレームを再生して終了
```

第6章 FLAC再生プログラム

第1節 FLAC圧縮フォーマット

■第1項 FLAC概要

FLAC（Free Lossless Audio Codec）は，フリーのサウンド圧縮方式で，次のような特徴があります．
- ロスレス圧縮・伸長

サウンド・データの圧縮・伸長において，ビット単位の欠損が生じません．すなわち，圧縮前の原音と完全に等価なデータを復元します．
- デコード性能

FLACで圧縮エンコードされたサウンド・データの伸長デコードは，整数の算術演算が主で，比較的低速のハードウェアでも実時間でのデコードを達成可能です．
- フレーム構造

同期コードおよび伝送エラーを検出するCRC（Cyclic Redundancy Check）を含むフレーム構造を単位として処理することにより，効率的なデコードを可能にしています．また，データ損傷も通常エラーが発生したフレームに限定され，ストリーム全体の信頼性に直ちに影響することはありません．本書では，このフレーム構造をサンプル・フレームとの混同を避けるため，便宜上FLACフレームと呼ぶことにします．

■第2項 FLACフォーマット仕様

FLACのビット・ストリームを規定するフォーマットの仕様は，**表6-1**のようになります．これが示すように，FLACビット・ストリームは，ストリームの開始に文字列"fLaC"に対応するASCIIコードを含み，次いでSTREAMINFOと呼ばれる必須のメタデータブロック，任意の数の他のメタデータブロック，それからFLACフレーム（オーディオ・フレーム）と続きます．

● STREAMINFOメタデータブロック

STREAMINFOは，ストリームの最初のメタデータブロックとして必ず存在しなければなりません．このメタデータブロックには，標本化速度，チャネル数，量子化ビット数のような音源に付随する情報とFLACデコーダがバッファを管理するのを支援するデータ，例えばFLACフレーム・サイズの最小/最大値，ブロック・サイズの最小/最大値などを保持します．STREAMINFOメタデータブロックには，FLACエンコード前

表6-1 FLACフォーマットの仕様

フィールド	説　明
fLaC	FLAC ストリームのASCII文字によるマーカー（32ビット）で，ストリームのバイト0から値 0x66 0x4C 0x61 0x43が設定される
メタデータブロック（必須）	必須のメタデータブロックSTREAMINFOで，これはストリームの基本的な特性（properties）を保持する
メタデータブロック（オプション）	0または複数の選択可能なメタデータブロック
FLACフレーム	1または複数のオーディオ・フレーム

表6-2　FLACフレームのデータ構造

フィールド	説　明
フレーム・ヘッダ	同期マーク，ブロック・サイズ，ストリーム基本情報など
サブフレーム	エンコードされたサウンド・データ．サブフレームは各チャネルに1つ
（補填バイト）	（バイト境界に整列するための0補填）
フレーム・フッタ	CRC-16

のサウンド・データのMD5署名も含みます．MD5署名は，伝送エラーに対してストリーム全体を検査するために有用です．

● FLACフレーム

　FLACフレームの構造を**表6-2**に示します．各チャネルに1つのサブフレームは，FLACフレーム内で個別にエンコードされ，ストリーム中にシリアルに出現します．換言すると，FLAC圧縮符号にエンコードされたサウンド・データは，インターリーブ・データのように同時刻に発生するチャネル・データが交互配置されません．このことにより，デコーダの複雑さは低減されますが，代償としてより大きなデコーダ・バッファが必要となります．

　各サブフレームは自身のヘッダを有し，FLAC符号化のための信号予測手法，予測誤差符号化パラメータ等々のサブフレーム属性を規定します．このサブフレーム・ヘッダの後に，該当するチャネルのエンコード・データが続きます．1つのFLACフレームに含まれる全てのサブフレームは，同数のサウンド・サンプルを含みます．

● FLACエンコード単位

　FLACは，サウンド・データをブロックに分割し，各ブロックを個別にエンコードします．このブロックには，複数チャネルにまたがるサウンド・サンプルを含みます．また，ブロックに分割するサイズをブロック・サイズと呼び，前述したサンプル・フレーム数と同じ単位で表現されます．

　例えば，44.1kHzで標本化された1秒間のブロックのブロック・サイズはチャネル数に関係なく44100となります．一方，ブロック内で1つのチャネルのサウンド・サンプルを含む単位をサブブロックと呼びます．ブロック内の全てのサブブロックは，同数のサウンド・サンプルを含みます．

　エンコードされたブロックは，FLACフレームとして組み立てられ，ストリームに追加されます．このことから，FLACではブロックおよびサブブロックは，エンコード前のLPCMデータについて適用される用語であり，FLACフレームおよびサブフレームはFLACにエンコードされたデータに適用される用語であると解釈されます．

■ 第3項　FLACフォーマット処理ツール概要

● libFLAC

　libFLACは，C言語APIをサポートするツール・ライブラリです．libFLACはFLACストリームの要素を記述する構造体，ストリームをエンコード／デコードする関数，ファイル中のFLACメタデータを操作する関数などを包含しています．

　後述するFLAC再生プログラムでは，デコードおよびメタデータに関わるAPIを使用します．デコーダに関わるAPIは，ヘッダ・ファイル `FLAC/stream_decoder.h` で定義され，メタデータに関わるAPIは，ヘッダ・ファイル `FLAC/metadata.h` で定義されます．これらのAPIを適用する基本的なプログラミング構造については後述します．

リスト6-1　flacコマンドによるWAVEファイルへの変換

```
$ flac -d abc.flac ⏎
```

● コマンドライン・ツール

　libFLACの他に，端末のコマンドラインから使用できるFLAC処理関連のツールには，次のようなものがあります．

▶ flac

　コマンドラインにおけるFLACフォーマットのエンコーダ，デコーダです．使い方の一例として，リスト6-1に示すように flac コマンドを実行すると，FLAC形式のファイルをWAVE形式のファイルに変換できます．コマンドが実行されると変換元ファイル abc.flac と同一フォルダ内に abc.wav ファイルが変換生成されます．

▶ metaflac

　コマンドラインにおけるFLACメタデータのエディタです．

第2節　libFLAC APIを適用した再生プログラミング処理

■第1項　libFLACによる再生プログラミング構造

　FLACファイルの音源を再生する場合，libFLAC APIを適用した基本的なプログラミング構造は，図6-1のようになります．図中の太い実線で示す処理が，libFLAC APIに依存する部分です．

　FLACファイルに含まれるメタデータおよびサウンド・サンプルのデコードは，libFLACが規定するコールバック関数で処理することが最大の特徴です．再生アプリケーション・プログラムは，これらのコールバック関数から必要な情報を取得することができます．アプリケーション・プログラムから呼び出す通常のユーティリティ関数と異なり，コールバック関数はlibFLACが適時呼び出します．

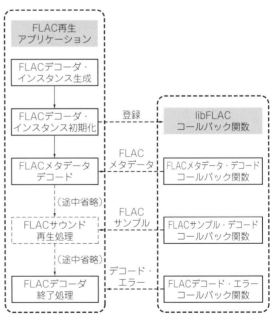

図6-1　libFLACによる再生プログラミング構造
FLACのデコードはコールバック関数で処理する

■第2項　再生処理に適用するlibFLAC API

●FLACデコーダ・インスタンスの生成/初期化

　FLACデコーダのインスタンスを生成するためには，**表6-3**に示すlibFLAC APIを使用します．生成した
デコーダ・インスタンスを削除するためには，**表6-4**に示すlibFLAC APIを使用します．

　libFLAC++という名称のもう1つのFLACライブラリでは，C++言語のAPIをサポートすることから，ク
ラス，オブジェクト，インスタンスといったオブジェクト指向言語の用語が両方のライブラリ間で共通的に
使用されます．しかし，libFLAC APIを使用する再生アプリケーションにおいては，特にオブジェクト指向
の機構を意識する必要はなく，これらクラスの実体の多くを構造体型として使用することができます．以降
の説明では，後述する実例プログラムで使用するデータ構造に焦点を絞って説明します．

　FLACデコーダのインスタンスを初期化するためには，**表6-5**に示すlibFLAC APIを使用します．デコー
ダの初期化では，次の処理が行われます．

▶ サウンド・ファイルのオープンとファイル名の取得

　POSIX fopen でファイルをオープンし，ASCII文字のファイル名を取得します．

表6-3　FLACデコーダのインスタンスを生成するlibFLAC API（FLAC__stream_decoder_new）

API	FLAC__StreamDecoder * FLAC__stream_decoder_new (void)
説　明	新しいストリーム・デコーダのインスタンスを生成する
引き数	なし
戻り値	成功時は新しいインスタンスを，失敗時はNULLを戻す
クラス定義	FLAC__StreamDecoder　ストリーム・デコーダを表すクラス

表6-4　FLACデコーダのインスタンスを削除するlibFLAC API（FLAC__stream_decoder_delete）

API	void FLAC__stream_decoder_delete (FLAC__StreamDecoder *decoder)
説　明	デコーダ・インスタンスを解放する．既存デコーダへのポインタが指すオブジェクを削除する
引き数	decoder　既存デコーダへのポインタ
戻り値	なし

表6-5　FLACデコーダのインスタンスを初期化するlibFLAC API（FLAC__stream_decoder_init_file）

API	FLAC__StreamDecoderInitStatus FLAC__stream_decoder_init_file (　　　FLAC__StreamDecoder　　　　　　　　　*decoder, 　　　const char　　　　　　　　　　　　　*filename, 　　　FLAC__StreamDecoderWriteCallback　　　write_callback, 　　　FLAC__StreamDecoderMetadataCallback　metadata_callback, 　　　FLAC__StreamDecoderErrorCallback　　　error_callback, 　　　void　　　　　　　　　　　　　　　　*client_data)
説　明	FLACファイルのデータをデコードするためにデコーダ・インスタンスを初期化する
引き数	decoder　　　　　　　　初期化されたデコーダ・インスタンス filename　　　　　　　　デコードするファイル名．このファイルはfopen()でオープンする write_callback　　　　　FLAC__StreamDecoderWriteCallback関数．NULL指定不可 metadata_callback　　　FLAC__StreamDecoderMetadataCallback.関数．不要ならNULL指定も可 error_callback　　　　　FLAC__StreamDecoderErrorCallback.関数．NULL指定不可 client_data　　　　　　コールバック関数にユーザ・データの引き数として供給される値
戻り値	成功時はFLAC__STREAM_DECODER_INIT_STATUS_OK，失敗時はエラー・コードを戻す

列挙型	enum FLAC__StreamDecoderInitStatus {
	　　　FLAC__STREAM_DECODER_INIT_STATUS_OK = 0,
	　　　FLAC__STREAM_DECODER_INIT_STATUS_UNSUPPORTED_CONTAINER,
	　　　FLAC__STREAM_DECODER_INIT_STATUS_INVALID_CALLBACKS,
	　　　FLAC__STREAM_DECODER_INIT_STATUS_MEMORY_ALLOCATION_ERROR,
	　　　FLAC__STREAM_DECODER_INIT_STATUS_ERROR_OPENING_FILE,
	　　　FLAC__STREAM_DECODER_INIT_STATUS_ALREADY_INITIALIZED
	　}

▶ メタデータのデコード時に呼び出されるコールバック関数の登録

デコーダがメタデータをデコードしたときに呼び出されるlibFLAC規程のコールバック関数（**表6-6**）を登録します．標本化周波数，チャネル数，サンプル当たりのビット数，全サンプル・フレーム数などの音源付随情報は，STREAMINFOブロックを表すlibFLACのデータ構造，FLAC__StreamMetadata_StreamInfoのメンバとして，このコールバック関数の実行時に取得されます．

▶ FLACフレームのデコード時に呼び出されるコールバック関数の登録

デコーダが単一のFLACフレームをデコードしたときに呼び出されるlibFLAC規定のコールバック関数（**表6-7**）を登録します．前述したFLACエンコード単位であるブロックのサイズは，FLACフレーム・ヘッダを表すlibFLACのデータ構造 FLAC__FrameHeader のメンバとしてこのコールバック関数の実行時に取得されます．

▶ デコード・エラーが発生した時に呼び出されるコールバック関数の登録

デコード中にエラーが発生したときに呼び出される，libFLAC規定のコールバック関数（**表6-8**）を登録します．

● メタデータのデコード

FLACメタデータのデコードを実行するには，**表6-9**に示すlibFLAC APIを使用します．

表6-6　メタデータ・デコード時に呼び出されるlibFLACコールバック関数（FLAC__StreamDecoderMetadataCallback）

コールバック関数	typedef void(* FLAC__StreamDecoderMetadataCallback)(
	                              const FLAC__StreamDecoder *decoder,
	                              const FLAC__StreamMetadata *metadata,
	                              void *client_data)

説　明	メタデータ・コールバック関数のシグネチャ定義．このコールバック関数は，デコーダがメタデータブロックをデコードしたときに呼び出される．デフォルトでは，デコーダはSTREAMINFO ブロックに対してのみ，このコールバック関数を呼び出す．
引き数	decoder　　　　コールバック関数を呼び出すデコーダ・インスタンス metadata　　　デコードされたメタデータブロック client_data　ユーザ・データ
戻り値	なし
クラス定義	typedef struct { 　　FLAC__MetadataType type; 　　FLAC__bool is_last; 　　nsigned int length; 　　union {　　　　　　　　　　　　　　　　　STREMINFOブロック情報 　　　　　FLAC__StreamMetadata_StreamInfo stream_info; 　　　　　FLAC__StreamMetadata_Padding padding; 　　　　　FLAC__StreamMetadata_Application application; 　　　　　FLAC__StreamMetadata_SeekTable seek_table; 　　　　　FLAC__StreamMetadata_VorbisComment vorbis_comment; 　　　　　FLAC__StreamMetadata_CueSheet cue_sheet; 　　　　　FLAC__StreamMetadata_Picture picture; 　　　　　FLAC__StreamMetadata_Unknown unknown; 　　} data; } FLAC__StreamMetadata
クラス定義	typedef struct { 　　unsigned int min_blocksize, max_blocksize; 　　unsigned int min_framesize, max_framesize; 　　unsigned int **sample_rate**; 　　unsigned int **channels**;　　　　　　音源付随情報 　　unsigned int **bits_per_sample**; 　　FLAC__uint64 **total_samples**; 　　FLAC__byte md5sum[16]; } **FLAC__StreamMetadata_StreamInfo**
型定義	typedef int64_t FLAC__int64

92

表6-7 FLACフレームのデコード時に呼び出されるlibFLACコールバック関数（FLAC__StreamDecoderWriteCallback）

コールバック関数	```typedef FLAC__StreamDecoderWriteStatus(* FLAC__StreamDecoderWriteCallback)(const FLAC__StreamDecoder *decoder, const FLAC__Frame *frame, const FLAC__int32 *const buffer[], void *client_data)```
説　明	ストリームデコーダwriteコールバック関数のシグネチャ定義．このコールバック関数は，デコーダが単一のFLACフレームをデコードしたときに呼び出される
引き数	decoder　　　　コールバック関数を呼び出すデコーダ・インスタンス frame　　　　　デコードされたFLACフレーム buffer　　　　　デコードされたチャネル・データへのポインタ配列．各ポインタはブロックサイズ長の符号付きサンプル配列を指し示す．チャネルはFLAC仕様に従って整列される client_data　ユーザ・データ
戻り値	FLAC__STREAM_DECODER_WRITE_STATUS_CONTINUE　バッファへの書き込みOK．デコード継続 FLAC__STREAM_DECODER_WRITE_STATUS_ABORT　　　回復不能エラー発生
クラス定義	```typedef struct { ┌─ FLACフレームヘッダ情報 ┐ FLAC__FrameHeader header; FLAC__Subframe subframes[FLAC__MAX_CHANNELS]; FLAC__FrameFooter footer; } FLAC__Frame```
クラス定義	```typedef struct { unsigned int blocksize;◄── ブロックサイズ情報 unsigned int sample_rate; unsigned int channels; FLAC__ChannelAssignment channel_assignment; unsigned int bits_per_sample; FLAC__FrameNumberType number_type; union { FLAC__uint32 frame_number; FLAC__uint64 sample_number; } number; FLAC__uint8 crc; } FLAC__FrameHeader```
型定義	```typedef int32_t FLAC__int32```
列挙型	```enum FLAC__StreamDecoderWriteStatus { FLAC__STREAM_DECODER_WRITE_STATUS_CONTINUE, FLAC__STREAM_DECODER_WRITE_STATUS_ABORT }```

表6-8 デコード・エラーが発生した時に呼び出されるlibFLACコールバック関数（FLAC__StreamDecoderErrorCallback）

コールバック関数	```typedef void(* FLAC__StreamDecoderErrorCallback)(const FLAC__StreamDecoder *decoder, FLAC__StreamDecoderErrorStatus status, void *client_data)```
説　明	デコードエラー・コールバック関数のシグネチャ定義．このコールバック関数はデコード中にエラーが発生したときに呼び出される
引き数	decoder　　　　　コールバック関数を呼び出すデコーダ・インスタンス status　　　　　デコード・エラー client_data　ユーザ・データ
戻り値	なし
列挙型	```enum FLAC__StreamDecoderErrorStatus { FLAC__STREAM_DECODER_ERROR_STATUS_LOST_SYNC, FLAC__STREAM_DECODER_ERROR_STATUS_BAD_HEADER, FLAC__STREAM_DECODER_ERROR_STATUS_FRAME_CRC_MISMATCH, FLAC__STREAM_DECODER_ERROR_STATUS_UNPARSEABLE_STREAM }```

● デコーダ状態の識別

　libFLACには，次に示すようなデコーダの状態を識別し，表現するAPIおよび配列変数が複数用意されています．

▶ デコーダ初期化の実行状態

API `FLAC__stream_decoder_init_file` によるデコーダ初期化の実行結果をASCII文字に変換するには，**表6-10**に示す配列変数を使用します．

▶ デコーダの現在の状態

`FLAC__stream_decoder_process_until_end_of_metadata` などの実行によるデコーダの現在の状態を取得するには，**表6-11**に示すlibFLAC APIを使用します．

API `FLAC__stream_decoder_get_state` の実行により取得したデコーダの状態を示す値をASCII文字に変換するには，**表6-12**に示す配列変数を使用します．

▶ エラー時の状態

デコーダで発生したエラー状態を示す列挙型 `FLAC__StreamDecoderErrorStatus` の値をASCII文字に変換するには，**表6-13**に示す配列変数を使用します．

● サンプル・データのデコード

FLACサンプル・データのデコードを実行するには，**表6-14**に示すlibFLAC APIを使用します．

表6-9　メタデータのデコードを実行するlibFLAC API（`FLAC__stream_decoder_process_until_end_of_metadata`）

API	`FLAC__bool FLAC__stream_decoder_process_until_end_of_metadata ( FLAC__StreamDecoder *decoder)`
説　明	メタデータの終わりまでデコードする．各メタデータブロックがデコードされるとき、メタデータ・コールバック関数がデコード・メタデータを渡されて呼び出される
引き数	`decoder` 初期化されたデコーダ・インスタンス
戻り値	成功時は`true`，失敗時は`false`
型定義	`typedef int FLAC__bool`

表6-10　初期化の実行結果をASCII文字に変換するlibFLAC 配列変数（`FLAC__StreamDecoderInitStatusString[]`）

配列変数	`const char *const FLAC__StreamDecoderInitStatusString[]`
説　明	列挙型`FLAC__StreamDecoderInitStatus` の値をこの配列のインデックスとして使用して文字列に写像する

表6-11　デコーダの現在の状態を取得するlibFLAC API（`FLAC__stream_decoder_get_state`）

API	`FLAC__StreamDecoderState FLAC__stream_decoder_get_state ( const FLAC__StreamDecoder *decoder)`
説　明	現在のデコーダの状態を取得する
引き数	`decoder`　初期化されたデコーダ・インスタンス
戻り値	現在のデコーダの状態を示す値

型定義	`enum FLAC__StreamDecoderState {`
	`  FLAC__STREAM_DECODER_SEARCH_FOR_METADATA = 0,`
	`  FLAC__STREAM_DECODER_READ_METADATA, FLAC__STREAM_DECODER_SEARCH_FOR_FRAME_SYNC,`
	`  FLAC__STREAM_DECODER_READ_FRAME,`
	`  FLAC__STREAM_DECODER_END_OF_STREAM,`
	`  FLAC__STREAM_DECODER_OGG_ERROR,`
	`  FLAC__STREAM_DECODER_SEEK_ERROR,`
	`  FLAC__STREAM_DECODER_ABORTED,`
	`  FLAC__STREAM_DECODER_MEMORY_ALLOCATION_ERROR, FLAC__STREAM_DECODER_UNINITIALIZED`
	`}`

表6-12　デコーダの現在の状態をASCII文字に変換するlibFLAC 配列変数（`FLAC__StreamDecoderStateString[]`）

配列変数	`const char *const FLAC__StreamDecoderStateString[]`
説　明	列挙型`FLAC__StreamDecoderState`の値をこの配列のインデックスとして使用して文字列に写像する

94

表6-13　デコード・エラーの状態をASCII文字に変換するlibFLAC 配列変数
（`FLAC__StreamDecoderErrorStatusString[]`）

配列変数	`const char  *const FLAC__StreamDecoderErrorStatusString[]`
説　明	列挙型`FLAC__StreamDecoderErrorStatus`の値をこの配列のインデックスとして使用して文字列に写像する

表6-14　サンプル・データのデコードを実行するlibFLAC API（`FLAC__stream_decoder_process_single`）

API	`FLAC__bool FLAC__stream_decoder_process_single ( FLAC__StreamDecoder  *decoder)`
説　明	単一のメタデータブロックまたはオーディオ・フレームをデコードする．デコード対象により，メタデータ・コールバック関数またはストリーム・デコーダwriteコールバック関数が，デコードされたメタデータブロックまたはオーディオ・フレームを渡されて呼び出される
引き数	`decoder`　　初期化されたデコーダ・インスタンス
戻り値	成功時は`true`，失敗時は`false`

表6-15　FLACデコード・プロセスを終了するlibFLAC API（`FLAC__stream_decoder_finish`）

API	`FLAC__bool FLAC__stream_decoder_finish ( FLAC__StreamDecoder  *decoder )`
説　明	デコード・プロセスを終了する．デコーダ・バッファをフラッシュし，リソースを解放し，デコーダ設定をデフォルトにリセットし，デコーダ状態を`FLAC__STREAM_DECODER_UNINITIALIZED`にして戻る．
引き数	`decoder`　　未初期化デコーダへのポインタ
戻り値	成功時は`true`，失敗時は`false`

● デコード・プロセスの終了

デコード・プロセスを終了するためには，**表6-15**に示すlibFLAC APIを使用します．

第3節　FLAC再生プログラムの作成（標準read/write 転送）

■第1項　要求仕様

作成するサウンド再生プログラムの要求仕様は，次のとおりとします．

▶ 再生サウンド・ファイル仕様

ファイル・フォーマット：FLAC

データ・フォーマット：FLACエンコード

標本化周波数（kHz）：44.1，48，96，192（FLACフォーマット仕様上の上限は655350Hz）

量子化ビット数：16，24（FLACフォーマット仕様上の上限は32bit，本書執筆時点のlibFLACでは24bitまでサポート）

▶ ソース・ファイル名

`flac_rw_player_int.c`

▶ 実行ファイル名

`flac_rw_player_int`

▶ 使用方法

`$　実行ファイル名　［オプション...］　"再生音源ファイルのパス名"`

実行時オプション：

```
-h,--help              使用法を示すオプション
-D,--device=デバイス名   再生デバイス名を指定するオプション
-m,--mmap              mmap_write転送を選択するオプション
-v,--verbose           パラメータ設定値を詳細に表示するオプション
-n,--noresample        再標本化を禁止するオプション
```

■ 第2項　実現性検討/プログラム構成
● デコード処理の実現性検討

　FLAC再生プログラムの構成は，第5章で説明したWAVE再生プログラム構成と比較して，若干複雑な構成になります．この理由は，libFLACが規定するコールバック関数を介したデコード処理の特性に起因します．具体的には，libFLACによりデコードしたFLACフレーム・データをALSAライブラリの標準read/write転送データブロックに転送する処理が必要になるためです（図6-2）．

　音源ファイルのFLACフレーム・データは，libFLAC API FLAC__stream_decoder_process_single によりデコードされ，デコードされたデータは所定のバッファ（以降，便宜上デコーダ・バッファと呼ぶ）経由でコールバック関数 write_callback に渡されます．このデコーダ・バッファのサイズは，前述したFLAC圧縮エンコードの単位であるブロック・サイズとなります．

　一方，ALSAライブラリの標準read/write転送データブロックは基本的に転送周期サイズとなり，このサイズ分のデータを再生ハードウェアに繰返し出力します．これらの定義が示すように，ブロック・サイズと転送周期サイズの間には，何の算術上の関係もありません．

　この前提条件の下で，デコーダ・バッファから転送データブロックに切れ目なくサウンド・サンプルを転送する処理が必要になります．実例プログラムでは図6-2に示すようなデコード・データフローを実現するためにデコード・データの転送を担うユーティリティ関数 buffer2block を導入します．

　ユーティリティ関数 buffer2block およびその呼び出し元が満たすべき処理要件は，次のようになります．要件中の用語「転送」は，特に断らない限りデコーダ・バッファから転送データブロックへのデコード・データのコピーによる転送のことを指します．

● デコーダ・バッファ中の全デコード・データを転送データブロックに転送終了したとき，または転送データブロックが転送周期サイズ分のデコード・データで満杯に充填されたときに buffer2block は転送を終了し，呼び出し元に戻ること．

● 転送データブロックをデコード・データで満杯にするために複数のFLACフレームのデコードが必要な場合，buffer2block は現在の転送の実行に際して，直前の呼び出し時の転送で充填された転送データブロックの位置の直後から切れ目なく転送すること．

● buffer2block の現在の転送終了時にデコーダ・バッファに未転送のデータが残存する場合は，次のbuffer2block の呼び出しで当該未転送のデータを全て転送してから，次のFLACフレームのデコードを行うこと．

　これらの処理要件を満たせば，ブロックサイズと転送周期サイズの大小関係によらず，切れ目ない転送を実現できます．

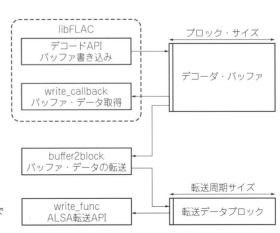

図6-2　デコード処理におけるデータフロー
デコーダ・バッファと転送データブロック間の転送をユーティリティ関数で実現する

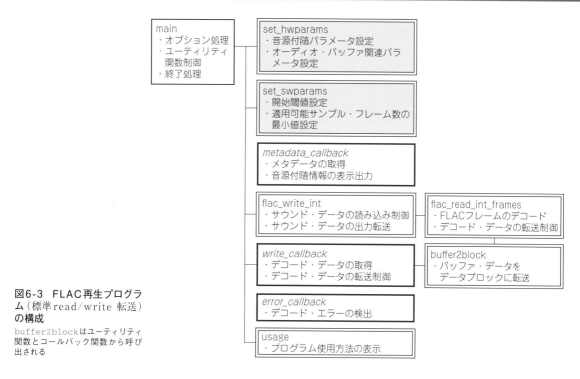

図6-3 FLAC再生プログラム（標準read/write 転送）の構成
buffer2blockはユーティリティ関数とコールバック関数から呼び出される

　以上のデコード処理の実現性検討結果を踏まえたFLAC再生プログラムの構成を，**図6-3**に示します．灰色で示した部分のコードは，第5章のWAVE再生プログラムのコードと同一内容のため説明を省略します．

● ソース・コード構成

　`flac_rw_player_int.c` のソース・コードの構成は**リスト6-2**のようになります．

■第3項　ソース・コード定義

　以下のソース・コードに関する説明で，「共通データ定義/プロトタイプ宣言」「`main` 関数」「ユーティリティ関数 `flac_write_int`」については，第5章で説明したWAVE再生プログラム（標準read/write 転送）の「共通データ定義/プロトタイプ宣言」「`main` 関数」「ユーティリティ関数 `write_uchar`」と多くの部分で同じコード展開/内容となります．そこで，説明に影響しない限り，それら同一コード部分はリスト表示上省略し，代わりに本文で説明するFLAC再生プログラムに固有のコードをリスト上で太字識別します．

　また，「ユーティリティ関数 `usage`」は，表示する実行プログラム名が変わる以外は，WAVE再生プログラム（標準read/write 転送）の `usage` と同一内容のため，リストおよび説明は省略します．これらの省略部分については，必要に応じて第5章の `wave_rw_player_uchar.c` の対応するコードを参照してください．

● 共通データ定義/プロトタイプ宣言

　ソース・コードの冒頭では，**リスト6-3**に示すように，このFLAC再生プログラム全体で共通的に使用するデータを定義し，各ユーティリティ関数およびlibFLACが規定するコールバック関数のプロトタイプ宣言を行います．

　共通データ定義，および関数プロトタイプ宣言におけるFLAC再生プログラム固有の要点は，次のようになります．

▶ヘッダ・ファイルの追加

　次のヘッダ・ファイルを追加します．

リスト6-2　**flac_rw_player_int.cのソース・コード構成**

```
/*****************************************************************************
  実例プログラム：FLACサウンド・ファイル再生プログラム
      －  標準read/write転送  －
  ソースコード：flac_rw_player_int.c
  *****************************************************************************/
#include <stdbool.h>
#include <getopt.h>
#include "alsa/asoundlib.h"
#include "FLAC/stream_decoder.h"
#include "FLAC/metadata.h"


/* 共通データ定義 / ユーティリティ関数のプロトタイプ宣言 */
  . . .                                        ──◯ リスト6-3

/* PCMにHWパラメータを設定するユーティリティ関数の定義 */
int set_hwparams(snd_pcm_t *handle, snd_pcm_hw_params_t  *hwparams)──◯ リスト5-6
{
  . . .
}
/* PCMにSWパラメータを設定するユーティリティ関数の定義 */
int set_swparams(snd_pcm_t *handle, snd_pcm_sw_params_t  *swparams)──◯ リスト5-7
{
  . . .
}
/*  要求サンプル・フレーム数のFLACデータのデコードを制御するユーティリティ関数の定義 */
long flac_read_int_frames(int *dataBlock, long nFrames)──◯ リスト6-6
{
  . . .
}
/*  デコーダバッファのデータをデータブロックに転送するユーティリティ関数の定義  */
void buffer2block(void)──◯ リスト6-7
{
  . . .
}
/*  FLACサウンドデータの読み込み、再生を制御するユーティリティ関数の定義 (標準read/write転送) */
int flac_write_int(snd_pcm_t *handle)──◯ リスト6-5
{
  . . .
}
/*  デコードデータを取得するコールバック関数 */
FLAC__StreamDecoderWriteStatus write_callback(const FLAC__StreamDecoder *decoder, const
                    FLAC__Frame *frame,const FLAC__int32 *const buffer[], void *user_data)
{                                     ──◯ リスト6-8
  . . .
}
/*  メタデータを戻すコールバック関数 */
void metadata_callback(const FLAC__StreamDecoder *decoder, const FLAC__StreamMetadata
*metadata, void *user_data)──◯ リスト6-9
{
  . . .
}
/*  デコーダのエラーを検出するコールバック関数 */
void error_callback(const FLAC__StreamDecoder *decoder, FLAC__StreamDecoderErrorStatus
status, void *user_data)──◯ リスト6-10
{
  . . .
}

/*  使用法を表示するユーティリティ関数の定義 */
void usage(void)
{
  . . .
}

int main(int argc, char *argv[])──◯ リスト6-4
{
  . . .
}
```

第6章　FLAC再生プログラム

リスト6-3　共通データ/ユーティリティ関数の宣言および定義

```
/*******************************************************************
 実例プログラム：FLACサウンド・ファイル再生プログラム
   -   標準read/write転送   -
 ソースコード：flac_rw_player_int.c
 *******************************************************************/
#include <stdbool.h>
#include <getopt.h>
#include "alsa/asoundlib.h"
#include "FLAC/stream_decoder.h"
#include "FLAC/metadata.h"

/* ユーティリティ関数のプロトタイプ宣言 */
static int set_hwparams(snd_pcm_t *handle, snd_pcm_hw_params_t *hwparams);
static int set_swparams(snd_pcm_t *handle, snd_pcm_sw_params_t *swparams);
static long flac_read_int_frames (int *datablock, long nFrames);
static void buffer2block(void);
static int flac_write_int(snd_pcm_t *handle);
…(途中省略)
/*** ALSAライブラリのパラメータ初期化 ***/
static char *device = "plughw:0,0";              /* 再生PCMデバイス名*/
static snd_pcm_format_t format = SND_PCM_FORMAT_S32_LE;   /* サンプル・コンテナのフォーマット */
…(途中省略)
/*** アプリケーション制御フラグの初期化 ***/
…(途中省略)
/* libFLAC規定のコールバック関数の宣言 */
static FLAC__StreamDecoderWriteStatus write_callback(const FLAC__StreamDecoder *decoder,
         const FLAC__Frame *frame,const FLAC__int32 * const buffer[], void *user_data);
static void metadata_callback(const FLAC__StreamDecoder *decoder, const FLAC__StreamMetadata
                                              *metadata, void *user_data);
static void error_callback(const FLAC__StreamDecoder *decoder, FLAC__StreamDecoderErrorStatus
                                              status, void *user_data);

/*** 共通ユーザデータの定義、宣言 ***/
typedef struct{
  FLAC__StreamDecoder *decoder;          /* FLACデコーダ */
  FLAC__uint64 total_frames;             /* 総サンプルフレーム数 */
  const FLAC__Frame *frame;              /* FLAC frame 構造体 */
  const FLAC__int32 *const *dec_buffer;  /* デコーダバッファ */
  int buffer_pos;                        /* デコーダバッファの現在位置  */
  int size_spec;                         /* ブロックサイズ仕様適合性識別フラグ： 適合=1 不適合=0 */
  void* dataBlock;                       /* 転送データブロック */
  int block_pos;                         /* 転送データブロックの現在位置 */
  long counter;                          /* 要求に対して、未転送のサンプル・フレーム数 */
  unsigned int qbits;                    /* 量子化ビット数 */
} FLAC_DECODER ;

static FLAC_DECODER dflac;
```

#include "FLAC/stream_decoder.h"　libFLACのデコーダ関連の定数やAPIを定義します.

#include "FLAC/metadata.h"　　　　　libFLACのメタデータ関連の定数やAPIを定義します.

▶ユーティリティ関数のプロトタイプ宣言の更新

次のユーティリティ関数を新たに宣言します.

flac_read_int_frames　　　FLACデータのデコードを制御するユーティリティ関数.

buffer2block　　　　　　　デコーダ・バッファのデータをデータブロックに転送するユーティリティ関数.

flac_write_int　　　　　　FLACサウンド・データの読込み,再生を制御するユーティリティ関数.

▶ALSAライブラリのパラメータ初期化

初期化の設定は,第5章で説明したWAVE再生プログラム(標準read/wrte方式)と全く同一ですが,ALSA
サンプル・フォーマットは,FLAC音源の量子化ビット数によらず,ここで初期化した値 SND_PCM_FORMAT

`_S32_LE` に固定します．これは，libFLACのデコード・データ処理が基本的に`int`型をベースにしていることとの親和性を考慮したことによります．

▶ コールバック関数のプロトタイプ宣言

libFLACが規定するシグネチャに従い，次のコールバック関数をプロトタイプ宣言します．

write_callback	FLACフレームのデコード・データを取得するコールバック関数．
metadata_callback	メタデータブロックのデコード・データを取得するコールバック関数．
error_callback	デコーダのエラーを検出するコールバック関数．

▶ ユーザデータの定義/宣言

プログラム全体で共通的に使用する，FLACデコーダ関連の変数をメンバとする構造体型`FLAC_DECODER`を定義します．この構造体型の共通インスタンス変数 `dflac` を参照するアドレスをコールバック関数に引き数として渡します．

● 全体制御 main

再生プログラム全体を制御する`main`関数を**リスト6-4**に示します．FLAC再生に関わる処理に焦点を絞った`main`における制御の流れは，次のようになります．

▶ FLAC状態変数の初期化

libFLAC APIの実行状態を示す `FLAC__bool` 型および `FLAC__StreamDecoderInitStatus` 型変数を初期化します．

リスト6-4　main関数（つづく）──────────

```c
int main(int argc, char *argv[])
{
  static const struct option long_option[] =
    {
      {"help", 0, NULL, 'h'},
      {"device", 1, NULL, 'D'},
      {"mmap", 0, NULL, 'm'},
      {"verbose", 0, NULL, 'v'},
      {"noresample", 0, NULL, 'n'},
      {NULL, 0, NULL, 0},
    };
  …（途中省略）
  /* 再生FLACファイル関連変数の初期化 */
  const char *filePath = NULL;

  FLAC__bool success = true;
  FLAC__StreamDecoderInitStatus init_status;

  /* ALSA HW, SWパラメータ・コンテナの初期化 */
  …（途中省略）
  /* 再生ファイルパス名を取得する */
  filePath = argv[optind];
  printf("*** サウンドファイル情報 ***¥n");
  printf("ファイル名：%s¥n", filePath);

  /* decoder instance生成 */
  if((dflac.decoder = FLAC__stream_decoder_new()) == NULL) {
    fprintf(stderr, "デコーダ割当てエラー¥n");
    exit_code = EXIT_FAILURE;
    goto cleaning;
  }

  /* FLACファイルをデコードするためにデコーダのインスタンスを初期化する */
```

リスト6-4　main関数（つづき）

```c
    init_status = FLAC__stream_decoder_init_file(dflac.decoder, filePath, write_callback,
                                      metadata_callback,error_callback, &dflac);
    if(init_status != FLAC__STREAM_DECODER_INIT_STATUS_OK) {
      fprintf(stderr, "デコーダ初期化エラー : %s¥n", FLAC__StreamDecoderInitStatusString[in
it_status]);
      exit_code = EXIT_FAILURE;
      goto cleaning;
    }

    /* メタデータを読む */
    success = FLAC__stream_decoder_process_until_end_of_metadata (dflac.decoder);
    if(success == false){
      fprintf(stderr, "メタデータのデコード失敗¥n");
      fprintf(stderr, "デコーダの状態 : %s¥n", FLAC__StreamDecoderStateString[FLAC__stream_
decoder_get_state(dflac.decoder)]);
      exit_code = EXIT_FAILURE;
      goto cleaning;
    }
    playtime = (double)dflac.total_frames / (double)rate ;            /* サウンド再生時間の算出 */

    switch(dflac.qbits){
    case 16:
      printf("データフォーマット : 符号付16bit¥n");
      break;
    case 24:
      printf("データフォーマット : 符号付24bit¥n");
      break;
    case 32:
      printf("データフォーマット : 符号付32bit¥n");
      break;
    default:
      fprintf(stderr, "サポート外のデータフォーマット : %d¥n", dflac.qbits);
      exit_code = EXIT_FAILURE;
      goto cleaning;
    }
    printf("再生時間 : %.01f秒¥n", playtime);
    printf("¥n");

    /* ALSAの出力オブジェクト、転送関数、アクセス方法の設定 */
    /* PCMをBlockモードでオープンする */
    /* ユーティリティ関数によりPCMにHWパラメータを設定する */
    /* ユーティリティ関数によりPCMにSWパラメータを設定する    */
    /* ALSAパラメータ情報を表示する */
…（途中省略）

    /* ユーティリティ関数によりファイルからデータを読み、ALSA転送関数に渡してサウンドを再生する */
    err = flac_write_int(handle);
    if (err != 0){
      fprintf(stderr, "再生転送失敗¥n");
      exit_code = err;
    }

    /* 後始末 */
cleaning:
    if(init_status = FLAC__STREAM_DECODER_INIT_STATUS_OK)
      FLAC__stream_decoder_finish (dflac.decoder) ;
    if(dflac.decoder != NULL)
      FLAC__stream_decoder_delete(dflac.decoder);
    if(output != NULL)
      snd_output_close(output);
    if(handle != NULL)
      snd_pcm_close(handle);
    snd_config_update_free_global();
    return exit_code;
}
```

▶ FLACデコーダ・インスタンスの生成

libFLAC API `FLAC__stream_decoder_new` により，FLACデコーダ・オブジェクトのインスタンスを生成します．

▶FLACデコーダの初期化

libFLAC API `FLAC__stream_decoder_init_file` により，生成したデコーダ・インスタンスを初期化します．この初期化では，音源ファイルのオープン，コールバック関数の登録が実行されます．

▶FLACメタデータのデコード

libFLAC API `FLAC__stream_decoder_process_until_end_of_metadata` により，メタデータをデコードします．

▶ FLAC音源の量子化ビット数の識別

メタデータのデコードで取得した音源の量子化ビット数 `dflac.qbits` に基づき，FLAC圧縮エンコード前のLPCMデータ・フォーマットを表示出力します．前述したようにALSAサンプル・フォーマットは，音源の量子化ビット数によらず初期値 `SND_PCM_FORMAT_S32_LE` に固定するので，ここではサンプル・フォーマットの再設定は行わないことに注意します．換言するとFLAC再生プログラムにおけるALSAサンプル・フォーマットの意味合いは，音源データのコンテナ・フォーマットを示していると解釈されます．

▶FLACサウンド再生制御

後述するユーティリティ関数 `flac_write_int` を呼び出して，FLACサウンドをデコードしつつ，デコード・データをALSAライブラリの転送関数に渡してサウンドを再生します．

▶ 後始末

アプリケーション・プログラム終了時，または途中でエラーが生じた場合に，使用した各種リソースを解放して終了します．libFLACについては，API `FLAC__stream_decoder_finish` および `FLAC__stream_decoder_delete` により，デコード・プロセスを終了し，デコーダ・インスタンスを削除します．

● ユーティリティ関数 `flac_write_int`

FLACサウンド・データの読み込みおよび，ALSAの標準read/write転送方式に基づく再生を制御するユーティリティ関数 `flac_write_int` を**リスト6-5**に示します．

本項の冒頭で述べたように，このユーティリティ関数は第5章で説明したWAVE再生プログラム（標準read/write 転送）の `write_uchar` と大部分が同じコード展開/内容です．`write_uchar` と異なるのは，次の2点に集約されます．

▶ データブロックへのメモリ割り当て

サンプル・データのコンテナ・フォーマットを `SND_PCM_FORMAT_S32_LE` に設定したことに連動して，データブロックのデータ型を `int` 型に設定します（`write_uchar` では，`unsigned char` 型に設定した）．従って，転送周期サイズにチャネル数を乗じた個数の`int`型のサンプル・コンテナを保存するメモリ領域をデータブロックに割り当てます．

▶ サウンド・データの読み込み

後述するユーティリティ関数 `flac_read_int_frames` を呼び出して，FLAC音源ファイルからデータブロックにサンプル・フレームを読み込みます（`write_uchar`では，C言語のファイル入力関数 `read` を読み込みに適用した）．

他のロジック展開およびコード部分については，必要に応じて第5章の `write_uchar` のソース・リストおよび説明を再確認してください．

第6章　FLAC再生プログラム

リスト6-5　FLACサウンド・データの読み込み，および再生を制御するユーティリティ関数 flac_write_int

```
/* FLACサウンドデータの読み込み，および再生を制御するユーティリティ関数の定義（標準read/write転送） */
int flac_write_int(snd_pcm_t *handle)
{
  int *bufPtr;                                          /* 再生フレームバッファ */
  const long numSoundFrames = (long)dflac.total_frames;  /* 再生サウンド総フレーム数 */
  long nFrames, frameCount, numPlayFrames = 0;           /* 再生済フレーム数の初期化 */
  long readFrames, resFrames = numSoundFrames;           /* 未再生フレーム数の初期化 */
  int err = 0;

  /*  オーディオサンプルの転送に適用するデータブロックにメモリを割り当てる   */
  int *frameBlock = (int *)malloc(period_size * sizeof(int) * numChannels);
  if (frameBlock == NULL) {
    fprintf(stderr, "メモリ不足でデータブロックを割当てられない¥n");
    err = EXIT_FAILURE;
    goto cleaning;
  }
  nFrames = (long)period_size; /* サウンドファイルから読み込むフレーム数の初期化 */
  while(resFrames>0){
    readFrames = flac_read_int_frames (frameBlock, nFrames);
    if (readFrames < 0) {
      fprintf(stderr, "エラーによりFLACデコード中止¥n");
      err = EXIT_FAILURE;
      goto cleaning;
    }
    frameCount = readFrames;        /* 書き込むサンプルフレーム数の初期値をサウンドファイルから読み込む
                                                             フレーム数に設定 */
    bufPtr = frameBlock;            /* 書き込むサンプルのポインタの初期値をフレームブロックの先頭に設定 */
    while (frameCount > 0) {
      err = (int)writei_func(handle, bufPtr, (snd_pcm_uframes_t)frameCount);
                                                     /* PCMデバイスにサウンドフレームを転送 */
      …（途中省略）
      bufPtr += err *numChannels;   /* フレームバッファのポインタを実際に書いたフレーム数にチャンネル数を
                                                             乗じた分だけ進める */
      frameCount -= err;            /* フレームバッファ中に残存する書き込み可能なフレーム数を算定 */
    }
    numPlayFrames += readFrames;

    /* データ・ブロック長以下の残データフレーム数の計算 */
    if ((resFrames = numSoundFrames - numPlayFrames) <= (long)period_size)
      nFrames = resFrames;
  }
  …（途中省略）
cleaning:
  if(frameBlock != NULL)
    free(frameBlock);
  return err;
}
```

● ユーティリティ関数　flac_read_int_frames

　要求サンプル・フレーム数のFLACデータのデコードを制御するユーティリティ関数 flac_read_int_frames をリスト6-6に示します．flac_read_int_frames における処理の流れは，次のようになります．

▶ 共通ユーザデータの初期化

　プログラム先頭で定義したユーザデータ構造体 FLAC_DECODER 型共通変数の関連メンバを次のように初期化します．

dflac.block_pos = 0	転送データブロックの現在の位置を0にリセット．
dflac.dataBlock = dataBlock	転送データブロックのアドレスを参照．
dflac.counter = nFrames	転送サンプル・フレーム数の要求値を設定．
dflac.size_spec = 1	ブロックサイズ適合性識別フラグを「適合」に設定．

103

リスト6-6 要求サンプル・フレーム数のFLACデータのデコードを制御するユーティリティ関数 `flac_read_int_frames`

```c
/* 要求サンプル・フレーム数のFLACデータのデコードを制御するユーティリティ関数の定義 */
long flac_read_int_frames(int *dataBlock, long nFrames)
{
  dflac.block_pos = 0;
  dflac.dataBlock = dataBlock;
  dflac.counter = nFrames;
  dflac.size_spec = 1;

  /* デコーダバッファ内に未転送データがあれば，データブロックに転送する */
  if (dflac.frame != NULL && dflac.buffer_pos < dflac.frame->header.blocksize)
    buffer2block();

  /* FLACフレームをデコードする */
  while (dflac.block_pos < (int)nFrames * (int)numChannels){
    if (FLAC__stream_decoder_process_single(dflac.decoder) == 0){
      fprintf(stderr, "デコードエラー¥n");
      return -1;
    }
    if (dflac.size_spec == 0){
      return -2;
    }
    if (FLAC__stream_decoder_get_state(dflac.decoder) >= FLAC__STREAM_DECODER_END_OF_STREAM)
      break;
  } ;
  dflac.dataBlock = NULL;
  return (long)(dflac.block_pos/(int)numChannels);
}
```

▶ 未転送デコード・データの転送

デコーダ・バッファ中に転送データブロックへ未転送のデータが残存するかどうかを判定し，残存している場合には，該当するデータを後述するユーティリティ関数 `buffer2block` により，転送します．

▶ FLACフレームのデコード

libFLAC API `FLAC__stream_decoder_process_single` により，FLACフレーム単位でデコードし，後述する `write_callback` 経由でデコード・データを転送データブロックに転送します．この処理は，転送データブロックが要求サンプル数で充填されるか，または音源ファイルの全データのデコードを終了するまで繰り返します．

● ユーティリティ関数 `buffer2block`

デコーダ・バッファのデータをデータブロックに転送するユーティリティ関数 `buffer2block` を**リスト6-7**に示します．`buffer2block` における処理の流れは，次のようになります．

▶ 算術シフト・ビット数の設定

`int` 型のサンプル・コンテナにMSBから詰めてサンプル・データを保存するために必要な算術シフトのビット数を次のように算定します．

> 音源量子化ビット数＝16：算術シフト・ビット数＝16
> 音源量子化ビット数＝24：算術シフト・ビット数＝8

▶ デコーダ・データの転送

デコーダ・バッファの内容を先ほど算定したビット数だけシフトして，データブロックに代入します．この処理は，バッファ内の現在のデータ位置がブロックサイズ以下で，かつ転送サンプル・フレーム数の要求値に対する残数が0でない間，繰り返します．

リスト6-7 デコーダ・バッファのデータをデータブロックに転送するユーティリティ関数 buffer2block

```
/* デコーダバッファのデータをデータブロックに転送するユーティリティ関数の定義   */
void buffer2block(void)
{
  const FLAC__Frame *frame = dflac.frame;
  const FLAC__int32 *const *dec_buffer = dflac.dec_buffer;

  int *dataBlock = (int *)dflac.dataBlock;
  unsigned int shift = 32 - frame->header.bits_per_sample;
  for (int i = 0 ; i < (int)frame->header.blocksize && dflac.counter > 0 ; i++){
    if (dflac.buffer_pos >= (int)frame->header.blocksize)
      break ;
    for (int j = 0 ; j < (int)frame->header.channels ; j++)
      dataBlock [dflac.block_pos + j] = dec_buffer [j][dflac.buffer_pos] << shift;
    dflac.block_pos += (int)frame->header.channels;
    dflac.counter --;
    dflac.buffer_pos++;
  }
  return;
}
```

リスト6-8 デコード・データを取得するコールバック関数 write_callback

```
/* デコードデータを取得するコールバック関数 */
FLAC__StreamDecoderWriteStatus write_callback(const FLAC__StreamDecoder *decoder, const
                  FLAC__Frame *frame,const FLAC__int32 *const buffer[], void *user_data)
{
  dflac.frame = frame;
  dflac.dec_buffer = buffer;
  dflac.buffer_pos = 0;

  if (frame->header.blocksize > FLAC__MAX_BLOCK_SIZE){
    fprintf(stderr, "FLACブロック・サイズが上限を超えた (%d) > FLAC__MAX_BLOCK_SIZE (%d)\n",
                                    frame->header.blocksize,FLAC__MAX_BLOCK_SIZE);
    dflac.size_spec = 0;
    return FLAC__STREAM_DECODER_WRITE_STATUS_ABORT;
  }
  buffer2block();
  return FLAC__STREAM_DECODER_WRITE_STATUS_CONTINUE;
}
```

● コールバック関数　write_callback

デコードしたFLACフレームのデータをデコーダ・バッファ経由で取得するコールバック関数 write_callback をリスト6-8に示します．write_callback における処理の流れは，次のようになります．

▶ 共通ユーザ・データ構造体メンバの設定

ユーザデータ構造体 FLAC_DECODER 型共通変数の各メンバを次のように設定します．

dflac.frame = frame	デコードされたFLACフレーム情報を参照．
dflac.dec_buffer = buffer	デコーダ・バッファのアドレスを参照．
dflac.buffer_pos = 0	デコーダ・バッファの現在の位置を0にリセット．

▶ ブロックサイズの仕様適合性判定

デコードしたブロックのサイズが仕様上の最大値，FLAC__MAX_BLOCK_SIZE を越えた場合には，仕様適合性識別フラグ，dflac.size_spec をリセットして，呼び出し元に戻ります．本書執筆時点で，マクロ FLAC__MAX_BLOCK_SIZE の値は 65535 に規定されています．

▶ デコード・データの転送

前述したユーティリティ関数，buffer2block により，デコーダ・バッファに書き込まれたデコード・データを転送データブロックに転送します．

リスト6-9　メタデータを戻すコールバック関数 `metadata_callback`

```
/* メタデータを戻すコールバック関数 */
void metadata_callback(const FLAC__StreamDecoder *decoder, const FLAC__StreamMetadata
                                                *metadata, void *user_data)
{
  /* FLAC音源パラメータの表示 */
  if(metadata->type == FLAC__METADATA_TYPE_STREAMINFO) {
    dflac.total_frames = metadata->data.stream_info.total_samples;
    rate = metadata->data.stream_info.sample_rate;
    numChannels = metadata->data.stream_info.channels;
    dflac.qbits = metadata->data.stream_info.bits_per_sample;

    printf("標本化速度           : %u Hz¥n", rate);
    printf("チャネル数           : %u¥n", numChannels);
    printf("量子化ビット数        : %u¥n", dflac.qbits);
    printf("総フレーム数          : %ld¥n", (long)dflac.total_frames);
  }
  return;
}
```

リスト6-10　デコーダのエラーを検出するコールバック関数 `error_callback`

```
/* デコーダのエラーを検出するコールバック関数 */
void error_callback(const FLAC__StreamDecoder *decoder, FLAC__StreamDecoderErrorStatus
                                                status, void *user_data)
{
  fprintf(stderr, "デコードエラーを検出: %s¥n", FLAC__StreamDecoderErrorStatusString[stat
us]);
  return;
}
```

● コールバック関数　`metadata_callback`

デコードしたメタデータを戻すコールバック関数 `metadata_callback` を**リスト6-9**に示します.

`metadata_callback` では，デコードされたメタデータの中で，音源に付随するパラメータ情報（標本化速度，チャネル数，FLAC圧縮エンコード前のLPCMサンプルの量子化ビット数，ファイル中の総フレーム数）を共通変数に代入し，それの値を端末に表示出力します.

● コールバック関数　`error_callback`

デコーダのエラーを検出するコールバック関数 `error_callback` を**リスト6-10**に示します.

`error_callback` は，検出したデコーダ・エラーの状態を端末に表示出力します.

■ 第4項　実行プログラム生成/動作確認

● 実行プログラム生成

実行プログラムの生成は，**リスト6-11**のように行います.

● 動作確認システム構成

図6-4の構成で実例プログラムの動作を確認します.

● 動作確認結果

基本的な試験ケースにおける動作確認結果を**リスト6-12**に示します.

リスト6-11 FLAC再生プログラム（標準read/write 転送）の生成

```
$ gcc -o flac_rw_player_int flac_rw_player_int.c -lasound -lFLAC -std=gnu99 ↵
```

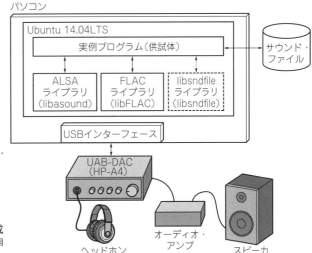

図6-4 FLAC再生プログラムの動作確認システム構成
この実例プログラムはALSAライブラリ，FLACライブラリを適用
して動作する

リスト6-12 FLAC再生プログラムによる再生結果例

```
$  ./flac_rw_player_int  -Dhw:1,0  '/home/FLAC/tone2_24_192000.flac' ↵
*** サウンドファイル情報 ***
ファイル名：/home/FLAC/tone2_24_192000.flac
標本化速度           ： 192000 Hz
チャンネル数         ： 2
量子化ビット数       ： 24
総フレーム数         ： 960000
データフォーマット：符号付24bit
再生時間：5秒

*** ALSAパラメータ ***
内部フォーマット：S32_LE
PCMデバイス：hw:1,0
転送方法：write

合計  960000 フレームを再生して終了
```

　PCMデバイスとして hw:1,0 を指定したときに，試験音源 tone2_24_192000.flac（24bit，192kHz，ステレオ）を正常に再生し，終了することが確認されます．基本的な動作確認が完了したら，各位が保有するFLACフォーマットの音源を再生し，実用性を確認します．

> **Note**
> - libFLACは，再生ファイルのフォーマットが純正のFLACフォーマットであることを前提としたAPIの集合です．例えば，上記実例プログラムでWAVEなどのサポート外のフォーマットのファイルを指定したとき，APIレベルで直接フォーマット・エラーを検出する機能は提供されておらず，間接的に error _callback がデコード・エラーとして検出する場合があるだけです．従って，より確実にフォーマット検査を行うためには，アプリケーション・プログラム自身で補足的に手当てすることが考えられます．WAVE再生プログラムなどを参考に検討してみてください．

第7章 マルチフォーマット再生プログラム

第1節 マルチフォーマット用ライブラリlibsndfileを適用した再生プログラミング処理

■第1項 libsndfile概要

　libsndfileは，異なるサウンド・ファイル・フォーマットのread/writeに対して統一的なC言語インターフェースを提供するライブラリです．また複数のOSプラットフォームをサポートしますが，Linuxについてはi386 Linux，x86_64 Linuxを含めてサポートしています．

　後述する実例プログラムで取り扱う，WAVE，FLAC，AIFFの各サウンド・フォーマットについては**表7-1**に示す仕様をカバーしています．

　AIFF（Audio Interchange File Format）は，主としてApple社の製品に適用されるサウンド・ファイル仕様です．WAVEと同様に非圧縮LPCM符号のサウンド・データを保存する形式の1つですが，バイト順序の配置はビッグ・エンディアン方式であることが大きな特徴です．

■第2項 再生に適用するlibsndfile API

　libsndfileは，サウンド・ファイルのread/writeに特化したツールですが，そのAPIはC言語のファイル処理関連の標準関数を連想させる極めて簡便な様式となっています．

● サウンド・ファイルのオープン/クローズ

　サウンド・ファイルをオープンするためには，**表7-2**に示すlibsndfile APIを使用します．再生するファイルをreadモードでオープンすると，音源付随情報は `SF_INFO` 構造体のメンバ `format` 内に取得されます．`format` の `0x10000` から `0x08000000` の値域には，次に例示するようなファイル・フォーマットの値が設定されます．

```
SF_FORMAT_WAV = 0x010000        WAVEファイル・フォーマット
SF_FORMAT_AIFF = 0x020000       AIFFファイル・フォーマット
SF_FORMAT_WAVEX = 0x130000      拡張WAVEファイル・フォーマット
SF_FORMAT_FLAC = 0x170000       FLACファイル・フォーマット
```

表7-1　libsndfile のread/write 仕様（抜粋）

データ・フォーマット	WAVE	FLAC	AIFF
符号なし8ビット PCM	read/write 可能		read/write 可能
符号付き8ビット PCM		read/write 可能	read/write 可能
符号付き16ビット PCM	read/write 可能	read/write 可能	read/write 可能
符号付き24ビット PCM	read/write 可能	read/write 可能	read/write 可能
符号付き32ビット PCM	read/write 可能		read/write 可能
32ビット浮動小数	read/write 可能		read/write 可能
64ビット倍精度浮動小数	read/write 可能		read/write 可能

108

表7-2　サウンド・ファイルをオープンするlibsndfile API（`sf_open`）

API	`SNDFILE *sf_open(const char *path,`
	`                  int        mode,`
	`                  SF_INFO    *sfinfo)`

説明	指定したファイルをオープンする
引き数	`path`　　　ファイル・パス名 `mode`　　　`SFM_READ  = 0x10`：read専用モード 　　　　　　`SFM_WRITE = 0x20`：write専用モード 　　　　　　`SFM_RDWR  = 0x30`：read/writeモード `sfinfo`　　ファイル情報構造体へのポインタ
戻り値	`SNDFILE*`　ライブラリ内の不透過なファイル情報に対する匿名ポインタ

型定義	`typedef struct {`
	`              sf_count_t  frames ;`
	`              int         samplerate ;`
	`              int         channels ;`
	`              int         format ;`
	`              int         sections ;`
	`              int         seekable ;`
	`        } SF_INFO`

型定義	`typedef __int64          sf_count_t`

表7-3　ファイル・エラー内容を文字列に変換するlibsndfile API（`sf_strerror`）

API	`const char *sf_strerror(SNDFILE *sndfile) ;`
説明	指定したファイルで発生したエラー番号を文字列に変換する
引き数	`sndfile`　ライブラリ内の不透過なファイル情報に対する匿名ポインタ
戻り値	エラー文字列を戻す

表7-4　サウンド・ファイルをクローズするlibsndfile API（`sf_close`）

API	`int sf_close(SNDFILE *sndfile)`
説明	指定したファイルをクローズする
引き数	`sndfile`　ライブラリ内の不透過なファイル情報に対する匿名ポインタ
戻り値	成功時には0を，失敗時にはエラー番号を戻す

　一方，`format`の`0x10000`未満の値域には，次に示すようなデータ・フォーマットの値が設定されます．

`SF_FORMAT_PCM_S8 = 0x0001`	符号付き8ビット
`SF_FORMAT_PCM_16 = 0x0002`	符号付き16ビット
`SF_FORMAT_PCM_24 = 0x0003`	符号付き24ビット
`SF_FORMAT_PCM_32 = 0x0004`	符号付き32ビット
`SF_FORMAT_PCM_U8 = 0x0005`	符号なし8ビット
`SF_FORMAT_FLOAT  = 0x0006`	32ビット浮動小数
`SF_FORMAT_DOUBLE = 0x0007`	64ビット浮動小数

`format`のビット列から，これらのフォーマット情報を抽出するために次のマスク値が定義されています．

`SF_FORMAT_TYPEMASK = 0x0FFF0000`	ファイル・フォーマット情報を抽出するマスク値
`SF_FORMAT_SUBMASK = 0x0000FFFF`	データ・フォーマット情報を抽出するマスク値

　再生ファイルのオープンでエラーが発生した場合は，そのエラーの内容を**表7-3**に示すlibsndfile APIを使用して，文字列に変換できます．オープンしたサウンド・ファイルをクローズするためには，**表7-4**に示すlibsndfile APIを使用します．

表7-5 サンプル・フレームを読込むlibsndfile API (`sf_readf_int`)

API	`sf_count_t  sf_readf_int (SNDFILE  *sndfile,`
	`                          int     *ptr,`
	`                          sf_count_t frames)`

説明	指定したファイルからサンプル・フレームを読み込む
引き数	sndfile　ライブラリ内の不透過なファイル情報に対する匿名ポインタ ptr　　　読み込んだサンプル・フレームを保存する配列へのポインタ frames　読み込み要求サンプル・フレーム数
戻り値	実際に読み込んだサンプル・フレーム数

表7-6 サンプル・フレームを書込むlibsndfile API (`sf_writef_int`)

API	`sf_count_t  sf_writef_int (SNDFILE  *sndfile,`
	`                           int     *ptr,`
	`                           sf_count_t frames)`

説明	指定したファイルにサンプル・フレームを書き込む
引き数	sndfile　ライブラリ内の不透過なファイル情報に対する匿名ポインタ ptr　　　書き込むサンプル・フレームを保存する配列へのポインタ frames　書き込み要求サンプル・フレーム数
戻り値	実際に書き込んだサンプル・フレーム数

● サウンド・ファイルのread/write

　ハイレゾ音源を含むサウンド・ファイルからサンプル・フレームを読み込むには，**表7-5**に示すlibsndfile APIを使用します．ファイルにサウンド・データを書き込むためには，**表7-6**に示すlibsndfile APIを使用します．

第2節　マルチフォーマット再生プログラムの作成（標準read/write 転送）

■第1項　要求仕様

▶再生サウンド・ファイル仕様

ファイル・フォーマット：WAVE，FLAC，AIFF
データ・フォーマット：LPCMまたはFLACエンコード
標本化周波数（kHz）：44.1，48，96，192
量子化ビット数：16，24，32（FLACは24ビットまで）

▶ソース・ファイル名

`multiFmt_rw_player_int.c`

▶実行ファイル名

`multiFmt_rw_player_int`

▶使用方法

$ 実行ファイル名［オプション...］"再生音源ファイルのパス名"
実行時オプション：

`-h,--help`　　　　　　　　使用法を示すオプション
`-D,--device=デバイス名`　再生デバイス名を指定するオプション
`-m,--mmap`　　　　　　　mmap_write転送を選択するオプション
`-v,--verbose`　　　　　　パラメータ設定値を詳細に表示するオプション
`-n,--noresample`　　　　 再標本化を禁止するオプション

第7章 マルチフォーマット再生プログラム

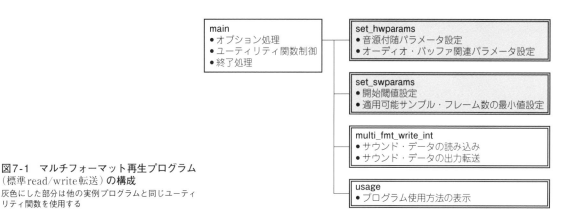

図7-1 マルチフォーマット再生プログラム（標準read/write転送）の構成
灰色にした部分は他の実例プログラムと同じユーティリティ関数を使用する

リスト7-1 multiFmt_rw_player_int.c のソース・コード構成

```
/**************************************************************************
  実例プログラム：マルチフォーマット・サウンド・ファイル再生プログラム
                - 標準read/write転送 -
  ソースコード：multiFmt_rw_player_int.c
 **************************************************************************/
#include <getopt.h>
#include "alsa/asoundlib.h"
#include "sndfile.h"

/* 共通データ定義/ユーティリティ関数のプロトタイプ宣言 */
...                                                              ← リスト7-2
/* PCMにHWパラメータを設定するユーティリティ関数の定義 */
int set_hwparams(snd_pcm_t *handle, snd_pcm_hw_params_t *hwparams) ← リスト5-6
{
  ...
}
/* PCMにSWパラメータを設定するユーティリティ関数の定義 */
int set_swparams(snd_pcm_t *handle, snd_pcm_sw_params_t *swparams) ← リスト5-7
{
  ...
}
/* サウンドデータの再生を行うユーティリティ関数の定義 */
int multi_fmt_write_int(snd_pcm_t *handle)                        ← リスト7-4
{
  ...
}
/* 使用法を表示するユーティリティ関数の定義 */
void usage(void)
{
  ...
}
int main(int argc, char *argv[])                                  ← リスト7-3
{
  ...
}
```

■第2項 プログラム構成

このプログラムの構成を**図7-1**に示します．灰色にした部分のコードは，第5章のＷＡＶＥ再生プログラムのコードと同一内容のため説明を省略します．

● ソース・コード構成

`multiFmt_rw_player_int.c` のソース・コードの構成を**リスト7-1**に示します．

リスト7-2 共通データ/関数の宣言・定義

```
/*********************************************************************************
 実例プログラム：マルチフォーマット・サウンド・ファイル再生プログラム
                - 標準read/write転送 -
 ソースコード：multiFmt_rw_player_int.c
 *********************************************************************************/
#include <getopt.h>
#include "alsa/asoundlib.h"
#include "sndfile.h"

/*** ユーティリティ関数プロトタイプ宣言 ***/
static int set_hwparams(snd_pcm_t *handle, snd_pcm_hw_params_t *hwparams);
static int set_swparams(snd_pcm_t *handle, snd_pcm_sw_params_t *swparams);
static int multi_fmt_write_int(snd_pcm_t *handle);
static void usage(void);
static snd_pcm_sframes_t (*writei_func)(snd_pcm_t *handle, const void *buffer, snd_pcm_
uframes_t size);

/*** ALSAライブラリのパラメータ初期化 ***/
/*** アプリケーション制御フラグの初期化 ***/
…(途中省略)

/*** libsndfileパラメータの宣言 ***/
static SNDFILE *infile;
static SF_INFO infileInfo;
```

■第3項 ソース・コード定義

第1節のlibsndfile APIの説明内容から推察されるとおり，このサンプル・プログラムのソース・コードは，第5章で説明したWAVE再生プログラム（標準read/write方式）のソース・コードと酷似し，後者のコードを少し変更するだけで作成が可能です．そこで第6章と同様に，WAVE再生プログラム（標準read/write方式）のソース・コードと同一部分のコードはリスト表示上省略し，代わりに本文で説明するマルチフォーマット再生プログラムに固有のコードをリスト上で太字識別します．また「ユーティリティ関数 usage」は，表示する実行プログラム名が変わる以外は，WAVE再生プログラム（標準read/write 転送）の usage と同一内容のため，リストおよび説明は省略します．

● 共通データ定義/プロトタイプ宣言

ソース・コードの冒頭では，リスト7-2に示すように，このマルチフォーマット再生プログラム全体で共通的に使用するデータを定義し，各ユーティリティ関数をプロトタイプ宣言します．共通データ定義，および関数プロトタイプ宣言の要点は，次のようになります．

▶ヘッダ・ファイルの追加

次のヘッダ・ファイルを追加します．

```
#include "sndfile.h"
```

libsndfileの定数やAPIを定義します．

▶ユーティリティ関数のプロトタイプ宣言の更新

次のユーティリティ関数を新たに宣言します．

```
multi_fmt_write_int
```

WAVE，FLAC，またはAIFF形式のサウンド・データの読み込み，および再生を制御するユーティリティ関数です．

▶libsndfile関連共通データの宣言

libsndfileが管理する情報に対して，次の共通データを宣言します．

第**7**章　マルチフォーマット 再生プログラム

> `static SNDFILE *infile`

libsndfileが管理する再生ファイル情報を参照するポインタです.

> `static SF_INFO infileInfo`

音源付随情報を示す構造体です.

● 全体制御 **main**

　再生プログラム全体を制御するmain関数を**リスト7-3**に示します. libsndfileに関わる処理に焦点を絞った main における制御の流れは, 次のようになります.

▶ **再生ファイルのオープン**

　libsndfile API `sf_open` により, 再生ファイルをreadモードでオープンします. 再生ファイル関連情報は, `SF_INFO` 型の共通変数 `infileInfo` に戻されます. ファイルでエラーが発生した場合は, libsndfile API `sf_strerror` により, 内容を文字列に変換して端末に表示出力します.

▶ **再生ファイル関連情報の取得/表示**

　取得したファイル・フォーマット, データ・フォーマットおよび音源付随情報を対応する各共通変数に設定し, それぞれ表示出力します.

▶ **サウンド再生制御**

　リスト7-4に示すユーティリティ関数 `multi_fmt_write_int` を呼び出して, 再生音源ファイルからサウンド・データを読み, ALSAライブラリの転送関数に渡してサウンドを再生します.

リスト7-3　main関数(つづく)

```
int main(int argc, char *argv[])
{
  static const struct option long_option[] =
    {
      {"help", 0, NULL, 'h'},
      {"device", 1, NULL, 'D'},
      {"mmap", 0, NULL, 'm'},
      {"verbose", 0, NULL, 'v'},
      {"noresample", 0, NULL, 'n'},
      {NULL, 0, NULL, 0},
    };

  snd_pcm_t *handle = NULL;              /* PCMハンドル */
  snd_pcm_hw_params_t *hwparams;         /* PCMハードウェア構成空間コンテナ */
  snd_pcm_sw_params_t *swparams;         /* PCMソフトウェア構成コンテナ */
  unsigned char *transfer_method;        /* 転送方法名 */
  double playtime = 0;
  int err, c, exit_code = 0;
  int informat, dformat;                 /* ファイルフォーマット, データフォーマット */

  …(途中省略)
  /* 再生ファイルパス名の初期化 */
  /* ALSA HW, SWパラメータ・コンテナの初期化 */
  …(途中省略)
  /* 再生ファイルをオープンする */
  filePath = argv[optind];
  if(!(infile = sf_open(filePath, SFM_READ, infileInfo))){
    fprintf(stderr, "再生ファイル・オープン・エラー: %s¥n", sf_strerror(infile));;
    exit_code = EXIT_FAILURE;
    goto cleaning;
  }

  /* 再生ファイルのフォーマット情報を取得する */
  informat = infileInfo.format & SF_FORMAT_TYPEMASK;   /* ファイルフォーマットの取得 */
```

113

リスト7-3　main関数（つづき）

```c
  dformat = infileInfo.format & SF_FORMAT_SUBMASK;   /* データフォーマットの取得 */
  numChannels = (unsigned int)infileInfo.channels;   /* チャネル数の取得 */
  rate = (unsigned int)infileInfo.samplerate;        /* 標本化速度の取得 */

  /* 再生ファイルの情報を表示する */
…（途中省略）
switch(informat) {
case SF_FORMAT_WAV:
  printf("ファイルフォーマット：WAVE¥n");
  break;
case SF_FORMAT_WAVEX:
  printf("ファイルフォーマット：拡張WAVE¥n");
  break;
case SF_FORMAT_AIFF:
  printf("ファイルフォーマット：AIFF¥n");
  break;
case SF_FORMAT_FLAC:
  printf("ファイルフォーマット：FLAC¥n");
  break;
default:
  fprintf(stderr, "サポート外のファイルフォーマット¥n");
  exit_code = EXIT_FAILURE;
  goto cleaning;
}

switch(dformat){
case SF_FORMAT_PCM_16:
  printf("データフォーマット：符号付16bit¥n");
  break;
case SF_FORMAT_PCM_24:
  printf("データフォーマット：符号付24bit¥n");
  break;
case SF_FORMAT_PCM_32:
  printf("データフォーマット：符号付32bit¥n");
  break;
default:
  fprintf(stderr, "サポート外の量子化ビット数¥n");
  exit_code = EXIT_FAILURE;
  goto cleaning;
}
…（途中省略）
  /* ALSAの出力オブジェクト，転送関数，アクセス方法の設定 */
  /* PCMをBlockモードでオープンする */
  /* ユーティリティ関数によりPCMにHWパラメータを設定する */
  /* ユーティリティ関数によりPCMにSWパラメータを設定する */
  /* ALSAパラメータ情報を表示する */
…（途中省略）
  /* ユーティリティ関数によりファイルからデータを読み，ALSA転送関数に渡してサウンドを再生する */
  err = multi_fmt_write_int(handle);
  if (err != 0){
    fprintf(stderr, "再生転送失敗¥n");
    exit_code = err;
  }

  /* 後始末 */
cleaning:
  if(output != NULL)
    snd_output_close(output);
  if(handle != NULL)
    snd_pcm_close(handle);
  snd_config_update_free_global();
  if(infile != NULL)
    sf_close(infile);
  return exit_code;
}
```

第7章　マルチフォーマット再生プログラム

リスト7-4　サウンド・データの再生を行うユーティリティ関数 multi_fmt_write_int

```
/*  サウンドデータの再生を行うユーティリティ関数の定義  */
int multi_fmt_write_int(snd_pcm_t *handle)
{
  int *bufPtr;                                          /*  再生フレーム・バッファ  */
  const long numSoundFrames = (long)infileInfo.frames;  /*  再生サウンド総フレーム数  */
  long nFrames, frameCount, numPlayFrames = 0;          /*  再生済フレーム数の初期化  */
  long readFrames, resFrames = numSoundFrames;          /*  未再生フレーム数の初期化  */
  int err = 0;

  /*   オーディオサンプルの転送に適用するデータ・ブロックにメモリを割り当てる   */
  int *frameBlock = (int *)malloc(period_size * sizeof(int) * numChannels);
  if (frameBlock == NULL) {
    fprintf(stderr, "メモリ不足でデータ・ブロックを割当てられない¥n");
    err = EXIT_FAILURE;
    goto cleaning;
  }
  nFrames = (long)period_size;      /*  サウンド・ファイルから読み込むフレーム数の初期化  */
  while(resFrames>0){
    readFrames = (long)sf_readf_int(infile, frameBlock, (sf_count_t )nFrames);
    frameCount = readFrames;        /*  書き込むサンプル・フレーム数の初期値をサウンド・ファイルから読み込む
                                        フレーム数に設定  */
    bufPtr = frameBlock;            /*  書き込むサンプルのポインタの初期値をフレーム・ブロックの先頭に設定  */
    while (frameCount > 0) {
      err = (int)writei_func(handle, bufPtr, (snd_pcm_uframes_t)frameCount);
                                                   /*  PCMデバイスにサウンド・フレームを転送  */

      …（途中省略）

      bufPtr += err *numChannels;  /*  フレーム・バッファのポインタを実際に書いたフレーム数にチャンネル数を
                                        乗じた分だけ進める  */
      frameCount -= err;           /*  フレーム・バッファ中に残存する書き込み可能なフレーム数を算定  */
    }
    numPlayFrames += readFrames;

    /*  データ・ブロック長以下の残データフレーム数の計算  */
    if ((resFrames = numSoundFrames - numPlayFrames) <= (long)period_size)
      nFrames = resFrames;
  }
  …（途中省略）
cleaning:
  if(frameBlock != NULL)
    free(frameBlock);
  return err;
}
```

▶ 後始末

libsndfile API sf_close により，ファイル情報リソースを解放するコードを追加します．

● ユーティリティ関数 multi_fmt_write_int

　マルチフォーマットのサウンド・データの読み込みおよびALSAの標準read/write転送方式に基づく再生を制御するユーティリティ関数 multi_fmt_write_int を**リスト7-4**に示します．このユーティリティ関数は，第5章で説明したWAVE再生プログラム（標準read/write 転送）の write_uchar と大部分が同じコード展開/内容です．write_uchar と異なるのは，次の2点に集約されます．

▶ データブロックへのメモリ割り当て

　次項に示すlibsndfile read用 API引き数との親和性から，データブロックのデータ型を int 型に設定してメモリを割り当てます（write_uchar では，unsigned char 型に設定した）．これに伴い，サンプル・データのコンテナ・フォーマットは第6章のFLAC再生プログラムの場合と同様に，初期設定値 SND_PCM_

115

リスト7-5 マルチフォーマット再生プログラム（標準read/write転送）の生成

```
$ gcc -o multiFmt_rw_player_int multiFmt_rw_player_int.c -lasound -lsndfile -std=gnu99
```

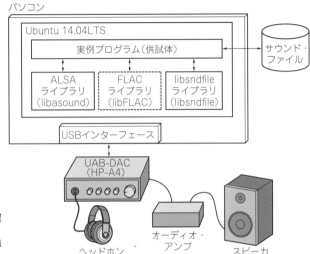

図7-2 マルチフォーマット再生プログラムの動作確認システム構成
この実例プログラムはALSAライブラリ，libsndfileライブラリを適用して動作する

リスト7-6 マルチフォーマット再生プログラムによるWAVEサウンド再生結果例

```
$ ./multiFmt_rw_player_int -Dhw:1,0 '/home/WAVE/tone2_24_192000.wav'

*** サウンドファイル情報 ***
ファイル名：/home/WAVE/tone2_24_192000.wav
ファイルフォーマット：WAVE
データフォーマット：符号付24bit
標本化速度：192000Hz
チャネル数：2チャネル
再生時間：5秒

*** ALSAパラメータ ***
内部フォーマット：S32_LE
PCMデバイス：hw:1,0
転送方法： write

合計  960000 フレームを再生して終了
```

FORMAT_S32_LE に固定します．

▶サウンド・データの読み込み

libsndfile API sf_readf_int を呼び出して，再生ファイルからデータブロックにサンプル・フレームを読み込みます（write_uchar では，C言語のファイル入力関数 read を読み込みに適用）．

これ以外の処理は，基本的に write_uchar または flac_write_int と同様になります．必要に応じて，それらの関数のコードを参照し，比較対照してください．

■ 第4項　実行プログラム生成/動作確認

● 実行プログラム生成

実行プログラムの生成は，端末でリスト7-5のように行います．

● 動作確認システム構成

図7-2に示す構成で，実例プログラムの動作を確認します．

第7章 マルチフォーマット再生プログラム

リスト7-7 マルチフォーマット再生プログラムによるFLACサウンド再生結果例

```
$ ./multiFmt_rw_player_int -Dhw:1,0 '/home/FLAC/tone2_24_192000.flac' ⏎

*** サウンドファイル情報 ***
ファイル名：/home/FLAC/tone2_24_192000.flac
ファイルフォーマット：FLAC
データフォーマット：符号付24bit
標本化速度：192000Hz
チャネル数：2チャネル
再生時間：5秒

*** ALSAパラメータ ***
内部フォーマット：S32_LE
PCMデバイス：hw:1,0
転送方法：write

  合計　960000　フレームを再生して終了
```

リスト7-8 マルチフォーマット再生プログラムによるAIFFサウンド再生結果例

```
$ ./multiFmt_rw_player_int -Dhw:1,0 '/home/AIFF/tone2_24_192000.aiff' ⏎

*** サウンドファイル情報 ***
ファイル名：/home/AIFF/tone2_24_192000.aiff
ファイルフォーマット：AIFF
データフォーマット：符号付24bit
標本化速度：192000Hz
チャネル数：2チャネル
再生時間：5秒

*** ALSAパラメータ ***
内部フォーマット：S32_LE
PCMデバイス：hw:1,0
転送方法：write

  合計　960000　フレームを再生して終了
```

● 動作確認結果

　リスト7-6，リスト7-7，リスト7-8に基本的な試験ケースにおける動作確認結果を示します．PCMデバイスとして hw:1,0 を指定したときに，WAVEフォーマットの試験音源 tone2_24_192000.wav（24bit，192kHz，ステレオ）を正常に再生し，終了することが確認されます（リスト7-6）．次に，FLACフォーマットの試験音源 tone2_24_192000.flac（24bit，192kHz ステレオ）を正常に再生し，終了することが確認されます（リスト7-7）．同様に，AIFFフォーマットの試験音源 tone2_24_192000.aiff（24bit，192kHz ステレオ）を正常に再生し，終了することが確認されます（リスト7-8）．

　基本的な動作確認が完了したら，各位が保有するWAVE，FLAC，AIFFフォーマットの音源を再生し，実用性を確認します．

第**8**章 GUI再生プログラム

第1節 GUIツールによるプログラミング概要

■第1項 GUIツール, FLTK

Linuxで使用できるGUIツールのうち，ここでは比較的簡便なFLTK（Fast Light Toolkit）を使用して，実例プログラムを作成します．

FLTKは，次のような特徴を有するGUIアプリケーション構築ツールです．

- プログラミング作法が簡便で学習，使用が容易
- C++言語の必要最小限の基礎知識があれば，後はほとんどC言語の延長でFLTKを使用できる
- 軽量で高速な実行形式を生成可能
- Windows, Unix, Mac OS-X, Linuxなどのマルチ・プラットフォームをサポートする
- オープン・ソースで技術情報が開示されている

■第2項 FLTKおよびC++言語の基礎

ここでは，FLTKツールを使用してGUIサウンド再生プログラムを作成する際に理解しておく必要がある，

リスト8-1 **gui_button**のソース・コード

```
#include "FL/Fl.H"
#include "FL/Fl_Window.H"
#include "FL/Fl_Button.H"
#include "FL/fl_ask.H"

void cb_dlg(Fl_Button *bt, void *data)
{
  fl_message("ようこそ、GUI!");
  return;
}

void cb_exit(Fl_Button *bt, void *data)
{
  exit(0);
  return;
}

int main(void)
{
  Fl_Window *window = new Fl_Window(0,0,280,60,"gui_button");
  Fl_Button *bt_dlg = new Fl_Button(40, 20, 80, 25, "表示");
  bt_dlg->callback((Fl_Callback *)cb_dlg);
  Fl_Button *bt_exit = new Fl_Button(160,20, 80, 25, "終了");
  bt_exit->callback((Fl_Callback *)cb_exit);
  window->end();
  window->show();
  return Fl::run();
}
```

図8-1 最も初歩的なGUIプログラム
「表示」ボタンを押下すると簡単なメッセージを表示する

FLTKおよびC++言語の基礎知識について解説します．そのため，図8-1に示すような最も初歩的なGUI画面を表示するプログラム gui_button を題材にして具体的に説明します．このプログラムをリスト8-1に示します．各コードの意味するところは，次のようになります．以下では，C++言語（以降，C++）に関する説明に下線を付して区分します．

▶ **ヘッダ・ファイルの宣言**

C++では，新しく作られたユーザ定義型を「クラス」，クラスを構成する要素を「メンバ」と呼びます．データ項目，関数，演算子，型定義がメンバとなります．

リスト8-1冒頭のヘッダ・ファイルの宣言は，FLTKが提供する次のGUIオブジェクトのクラスを定義するヘッダ・ファイルです．FLTKでは，これらGUIオブジェクトを「ウィジェット（widget）」と呼びます．

```
Fl.H            FLTKの最上位の大域的なクラスを定義．
Fl_Window.H     ウィンドウ（window）を生成するクラスを定義．
Fl_Button.H     ボタン・ウィジェットおよびそのラベル（label）を描画するクラスを定義．
fl_ask.H        共通ダイアログに対するAPIを定義．
```

main関数では以下の処理を行います．

▶ **オブジェクトの生成と初期化**

C++でオブジェクトを生成するためには，new演算子を使用します．new演算子は，生成したオブジェクトを参照するポインタを返します．また生成するオブジェクトを初期化するためには，コンストラクタと呼ばれる所属クラス名と同じ名前を有する関数を使用します．

リスト8-1では，次のように各ウィジェットの生成と初期化を行います．画面原点，すなわち画面左上隅から幅280，高さ60でタイトルバー名 gui_button のウィンドウを生成します．以降生成されるウィジェットは，FLTKにより自動的にこのウィンドウに追加されます．

```
Fl_Window *window = new Fl_Window(0,0,280,60,"gui_button");
```

次に，ウィンドウ原点，すなわちウィンドウ左上隅から座標（40, 20）の位置に，幅80，高さ25でラベル名「表示」のボタン・ウィジェットを生成します．

```
Fl_Button *bt_dlg =new Fl_Button(40, 20, 80, 25, "表示");
```

一般的に他のウィジェットにおいても，次の例のようにコンストラクタ引き数を設定し，初期化を行います．

```
Fl_Widget(x, y, w, h, label)
```

ここにFl_Widgetは，ウィジェットに関するクラス階層の最上位に位置する基底クラスを表します．また，コンストラクタの各引き数の内容は，次のとおりです．

```
x       画面またはウィンドウの左上隅を原点としたときのウィジェットの画素数単位のx座標．
y       画面またはウィンドウの左上隅を原点とした時のウィジェットの画素数単位のy座標．
w       ウィジェットの画素数単位の幅．
h       ウィジェットの画素数単位の高さ．
label   ウィジェットのラベル名に対する文字列へのポインタ．
```

このコンストラクタの実行により，初期化されるウィジェットは図8-2のような位置とサイズで表示されます．

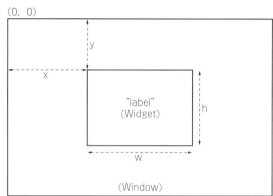

図8-2 ウィジェットの位置とサイズ
位置とサイズはコンストラクタにより初期化される

▶ コールバック関数の登録

全てのFLTKアプリケーションは，他の多くのGUIツールと同様にイベント処理モデルに基づき作成されます．すなわち，ユーザによるマウス操作，ボタン・オブジェクトの押下，キーボード操作などで発生したイベントがアプリケーションに通知され，アプリケーションはイベントに応答して，描画したりテキストを入力フィールドに追加したりするような処理を行います．

FLTKでは，ユーザ・イベント処理をコールバック関数で実行します．次のコードは，表示ボタン・ウィジェットが押下されたイベントに対する処理を実施するコールバック関数cb_dlgを登録します．

```
bt_dlg->callback((Fl_Callback *)cb_dlg);
```

コールバック関数は，ボタン・ウィジェットのメンバ関数callbackの引き数として登録されます．Fl_Callbackは，表8-1に示すようにFLTKが定義するコールバック関数の型を表します．C++では，クラスのメンバを参照する記号は，C言語の構造体のメンバを参照する記号"->"，または"."と同一になります．

全く同様にして，次のコードでは終了ボタン・ウィジェットを生成し，同ボタンのイベント処理用のコールバック関数cb_exitを登録します．

```
Fl_Button *bt_exit = new Fl_Button(160,20, 80, 25, "終了");
bt_exit->callback((Fl_Callback *)cb_exit);
```

▶ ウィンドウの表示

次のコードでは，ウィジェットの追加の終了を通知し，続いてウィンドウを表示するために，それぞれメンバ関数endおよびshowを呼び出します．

```
window->end();
window->show();
```

一般的に，C++のクラスは階層構成になっており，「派生クラス」と呼ばれる下位階層のクラスは「基底クラス」と呼ばれる上位階層のクラスのメンバを継承します．例えば，上記コード中でend()は，実際にはFl_Windowクラスの基底クラスFl_Groupのメンバ関数を参照します．後述する実例プログラムでは，特にFLTKクラスの階層構成を意識することはありません．

▶ イベント処理

main関数の最後のコードは，イベント処理ループを実行する大域的なメンバ関数runを呼び出します．この関数は，全てのウィンドウが閉じられたときに0を戻します．

C++では，2つのコロンからなる記号"::"は，スコープ解決演算子（scope resolution operator）と呼ばれ，

表8-1 FLTKコールバック関数の型

型定義	typedef void (Fl_Callback)(Fl_Widget *, void *)
説　明	全てのFLTKウィジェットに対するコールバックの型定義

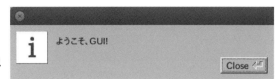

図8-3 メッセージ出力ダイアログボックス
「表示」ボタンを押下したときに出力される

特定クラスのメンバを識別する際などに用いられます．

```
return Fl::run();
```

mainで登録された各コールバック関数は次の処理を行います．

▶ **表示ボタン・ウィジェットに対するコールバック関数cb_dlg**

ここでは，図8-3に示すように，共通ダイアログ・クラスの関数により「ようこそ，GUI！」というメッセージを表示するダイアログボックスを出力します．

```
fl_message("ようこそ，GUI!");
```

画面右下の"close"ボタンを押下するとこのダイアログボックスは閉じられます．

▶ **終了ボタン・ウィジェットに対するコールバック関数cb_exit**

ここでは，単にプログラムを終了するC言語の標準ライブラリ関数を実行するだけです．

```
exit(0);
```

> **Note**
> - C++言語では，メンバ関数の中で「仮想関数（virtual function）」と呼ばれる特性の関数を時に「メソッド（method）」と呼ぶことがあり，この用語はFLTKのプログラミング・マニュアルでも使用されています．本書では特に仮想関数の特性を意識する必要はないため，用語上区分しないで統一的にメンバ関数と呼ぶことにします．
> - 上記，Flクラスは，FLTKの大域クラスであり，メンバは全てstaticで宣言されています．従って，run()の参照のように，特にクラス・オブジェクトを生成しないで直接呼び出せます．

● **実行プログラムの生成/動作確認**

以上のソース・コードを編集して，ファイルhello_gui.cppに保存します．端末から次の**リスト8-2**に示すコマンドにより，実行プログラムhello_guiを作成します．

生成されたhello_guiを実行して，**図8-1**および**図8-3**と同じ画面が表示されることを確認します．

● **GUIアプリケーション・プログラム作法要約**

以上の最も初歩的なGUIプログラムの作成を通して，FLTKおよびC++言語によるGUIアプリケーション・プログラムは次のような極めて単純な作法をベースに構築可能なことが示されました．

- main関数では，アプリケーション・プログラムのGUIとなるウィジェットを生成・初期化し，各ウィジェットに対するコールバック関数を登録します．全てのウィジェットを登録後，イベント処理ループを実行します．
- 各コールバック関数には，対応するウィジェットにユーザ・イベントが発生した際に必要な処理を定義します．

リスト8-2 gui_buttonの生成

```
$ g++ -o gui_button gui_button.cpp -lfltk
```

第2節　GUI再生プログラムの作成

■ 第1項　要求仕様

▶ 再生サウンド・ファイル仕様（マルチフォーマット再生プログラムの仕様に準拠）

ファイル・フォーマット：WAVE, FLAC, AIFF
データ・フォーマット：LPCMまたはFLACエンコード
標本化周波数（kHz）：44.1, 48, 96, 192
量子化ビット数：16, 24, 32（FLACは24ビットまで）

▶ ソース・ファイル名
gui_player.cpp

▶ 実行ファイル名
gui_player

▶ 使用方法
実行ファイル名のダブル・クリック

● GUI要求仕様

以下のGUI項目を要求します．
（a）ファイル・メニュー
－　オープン
再生するサウンド・ファイルを選択してオープンするためのメニュー項目．
－　終了
GUI再生プログラムを終了するためのメニュー項目．
（b）ファイル名表示
再生ファイル名を表示する矩形領域．
（c）PCMデバイス・メニュー
ALSAの規定するPCMデバイスを次のリストから選択するメニュー．

図8-4　GUI要求概念図
ウィンドウ内に配置するウィジェットの概要を示す

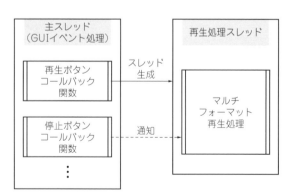

図8-5　GUIサウンド再生プログラムのマルチ・スレッド構造
GUIイベント処理と再生処理を並行して実行する

- plughw:0,0
- hw:0,0
- plughw:1,0
- hw:1,0

(d) 再生状態表示

再生状態(再生中,再生停止,再生終了)を表示する矩形領域.

(e) 再生ボタン

サウンドを再生するためのボタン.ボタン直下にボタン名を付加.

(f) 停止ボタン

サウンド再生を停止するためのボタン.ボタン直下にボタン名を付加.

(g) 再生時間表示

サウンド再生経過時間を数値およびグラフィカルに表示する領域.

このGUI要求の概念図を**図8-4**に示します.

■ 第2項 実現性検討/プログラム構成

● コマンドライン・プログラムからGUIプログラムへの移行実現性

これから作成する実例プログラムのサウンド再生処理部分は,第7章で説明したコマンドラインから実行するマルチフォーマット再生プログラムのコードを流用します.すなわち,コマンドライン・プログラムのサウンド再生処理部にGUIを付加してGUI再生プログラムに移行します.このようにして作成したプログラムでは,非同期に発生するGUIイベント処理と再生処理を並行して実行する必要があります.

これを実現するために,実例プログラムは,**図8-5**に示すようにマルチ・スレッド構造を適用します.このプログラムの構成を,**図8-6**に示します.**図8-6**で灰色にした部分のコードは,第5章～第7章のコマンドラインから実行する各再生プログラムのコードと同一内容のため説明を省略します.

● ソース・コード構成

`gui_player.c`のソース・コード構成を**リスト8-3**に示します.

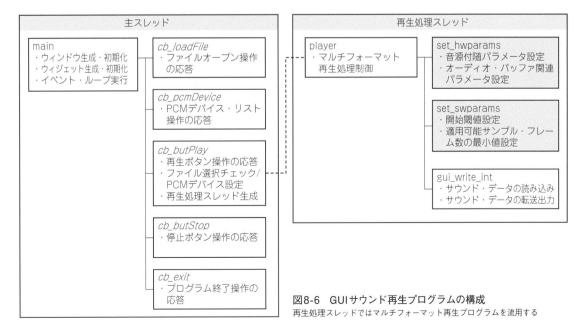

図8-6 GUIサウンド再生プログラムの構成
再生処理スレッドではマルチフォーマット再生プログラムを流用する

リスト8-3 `gui_player.c`のソース・コード構成

```
/*****************************************************************************
 実例プログラム：GUIサウンド・ファイル再生プログラム
 ソースコード：gui_player.c
 *****************************************************************************/
#include <getopt.h>
#include <stdbool.h>
#include <pthread.h>
#include "alsa/asoundlib.h"
#include "sndfile.h"
#include "FL/Fl.H"
#include "FL/Fl_Window.H"
#include "FL/Fl_File_Chooser.H"
#include "FL/Fl_Button.H"
#include "FL/Fl_Box.H"
#include "FL/fl_ask.H"
#include "FL/Fl_Menu_Bar.H"
#include "FL/Fl_Menu_Item.H"
#include "FL/Fl_Choice.H"
#include "FL/Fl_Hor_Value_Slider.H"
/*** 共通データ定義 / ユーティリティ関数プロトタイプ宣言 ***/        ─( リスト8-4 )
...
/* PCMにHWパラメータを設定するユーティリティ関数の定義 */
int set_hwparams(snd_pcm_t *handle, snd_pcm_hw_params_t *hwparams)◄─( リスト5-6 )
{
  ...
}
/* PCMにSWパラメータを設定するユーティリティ関数の定義 */
int set_swparams(snd_pcm_t *handle, snd_pcm_sw_params_t *swparams)◄─( リスト5-7 )
{
  ...
}
/* サウンドデータの再生を行うユーティリティ関数の定義 */
int gui_write_int(snd_pcm_t *handle)◄─( リスト8-12 )
{
  ...
}
/* マルチフォーマット再生制御ユーティリティ関数 */
void *player(void *arg)◄─( リスト8-11 )
{
  ...
}
/* ファイルロード操作コールバック関数 */
void cb_loadFile(Fl_Menu_Item *w, void *d)◄─( リスト8-6 )
{
  ...
}
/* プログラム終了操作コールバック関数 */
void cb_exit(Fl_Menu_Item *w, void *d)◄─( リスト8-10 )
{
  MainWindow->hide();
  return;
}
/* 再生ボタン操作コールバック関数 */
void cb_butPlay(Fl_Button *w, void *d)◄─( リスト8-8 )
{
  ...
}
/* 停止ボタン操作コールバック関数 */
void cb_butStop(Fl_Button *w, void *d)◄─( リスト8-9 )
{
  ...
}
/* PCMデバイス選択操作コールバック関数 */
void cb_pcmDevice(Fl_Choice *w, void *d)◄─( リスト8-7 )
{
  ...
}
int main(void)◄─( リスト8-5 )
{
  ...
}
```

■第3項　ソース・コード定義

　「第2項　実現性検討/プログラム構成」の説明から推察されるとおり，このサンプル・プログラムのソース・コードは，新規に作成するGUIイベント処理部分と既成の端末コマンドラインから実行するマルチフォーマット再生プロラムのコードを流用する部分からなります．後者の部分のコードについては，マルチフォーマット再生プロラムと同一部分のコードはリスト表示上省略し，GUI再生プログラムに固有のコードをリスト上で太字識別して重点的に説明します．

● 共通データ定義/プロトタイプ宣言

　ソース・コードの冒頭では，リスト8-4に示すようにこのGUI再生プログラム全体で共通的に使用するデータを定義し，各ユーティリティ関数をプロトタイプ宣言します．共通データ定義および関数プロトタイプ宣言の要点は，次のようになります．

▶ヘッダ・ファイルの追加

次のヘッダ・ファイルを追加します．

`#include <pthread.h>`	POSIXスレッド・インターフェースを定義．
`#include "FL/Fl.H"`	FLTKの最上位の大域的なクラスを定義．
`#include "FL/Fl_Window.H"`	ウィンドウ（window）を生成するクラスを定義．
`#include "FL/Fl_File_Chooser.H"`	ファイル選択ダイアログボックスのクラスを定義．
`#include "FL/Fl_Button.H"`	ボタン・ウィジェットのクラスを定義．
`#include "FL/Fl_Box.H"`	ボックス・ウィジェットのクラスを定義．
`#include "FL/fl_ask.H"`	共通ダイアログに対するAPIを定義．
`#include "FL/Fl_Menu_Bar.H"`	メニューバーのクラスを定義．
`#include "FL/Fl_Menu_Item.H"`	メニュー項目を規定する構造体を定義．
`#include "FL/Fl_Choice.H"`	ポップアップメニューのクラスを定義．

▶ユーティリティ関数プロトタイプ宣言の追加

次のユーティリティ関数を宣言します．

`gui_write_int`	サウンド・データの読込みと出力転送を実行．
`player`	サウンド再生処理全体を制御．

▶アプリケーション制御パラメータ宣言の追加

次のパラメータの宣言を追加します．

`pthread_t play_thread`	再生処理スレッドのID．
`char filePath[256]`	再生ファイルのパス名．
`bool isPlay`	再生状態を識別するフラグ．
`bool isStop`	停止状態を識別するフラグ．

▶GUIオブジェクト宣言

次のGUIオブジェクトを宣言します．

`Fl_Window *MainWindow`	ウィンドウ・クラス・オブジェクトのインスタンス．
`Fl_File_Chooser *FileDlg`	ファイル選択ダイアログボックス・クラス・オブジェクトのインスタンスで，再生ファイル選択に適用．
`Fl_Choice *PcmDevice`	ポップアップメニュー・クラス・オブジェクトのインスタンスで，ALSA PCMデバイス選択に適用．
`Fl_Box *PlayFile`	ボックス・クラス・オブジェクトのインスタンスで，再生ファ

	イル名の表示に適用.
`Fl_Box *PlayState;`	ボックス・クラス・オブジェクトのインスタンスで, 再生状態の表示に適用.
`Fl_Hor_Value_Slider *TimeBar`	値およびスライダ・オブジェクトのインスタンスで, 再生時間の値とグラフィカル表示に適用.

リスト8-4　共通データ定義, および関数プロトタイプ宣言

```
/************************************************************************
   実例プログラム：GUIサウンド・ファイル再生プログラム
   ソースコード：gui_player.c
 ************************************************************************/
#include <getopt.h>
#include <stdbool.h>
#include <pthread.h>
#include "alsa/asoundlib.h"
#include "sndfile.h"
#include "FL/Fl.H"
#include "FL/Fl_Window.H"
#include "FL/Fl_File_Chooser.H"
#include "FL/Fl_Button.H"
#include "FL/Fl_Box.H"
#include "FL/fl_ask.H"
#include "FL/Fl_Menu_Bar.H"
#include "FL/Fl_Menu_Item.H"
#include "FL/Fl_Choice.H"
#include "FL/Fl_Hor_Value_Slider.H"

/*** ユーティリティ関数プロトタイプ宣言 ***/
static int set_hwparams(snd_pcm_t *handle, snd_pcm_hw_params_t *hwparams);
static int set_swparams(snd_pcm_t *handle, snd_pcm_sw_params_t *swparams);
static int gui_write_int(snd_pcm_t *handle);
static void *player(void *arg);
static snd_pcm_sframes_t (*writei_func)(snd_pcm_t *handle, const void *buffer, snd_pcm_
uframes_t size);

/*** ALSAライブラリのパラメータ初期化 ***/
…(途中省略
)
/*** アプリケーション制御パラメータ宣言 ***/
static int mmap = 0;                      /* 転送方法制御フラグ：write=0, mmap write=1  */
static int resample = 1;                  /* 標本化速度変換設定フラグ：set=1 clear=0 */
static pthread_t play_thread;             /* 再生処理スレッドID */
static char filePath[256] = {0};          /* サウンドファイルパス名 */
static bool isPlay = false;               /* 再生状態識別フラグ */
static bool isStop = false;               /* 停止状態識別フラグ */

/*** libsndfileパラメータの宣言 ***/
static SNDFILE *infile;
static SF_INFO infileInfo;

/*** GUIオブジェクト宣言 ***/
static Fl_Window *MainWindow;
static Fl_File_Chooser *FileDlg;          /* ファイル選択ダイアログボックス */
static Fl_Choice *PcmDevice;              /* pcmデバイス選択ポップアップ */
static Fl_Box *PlayFile;                  /* 再生ファイル名表示ボックス */
static Fl_Box *PlayState;                 /* 再生状態表示ボックス */
static Fl_Hor_Value_Slider *TimeBar;      /* 再生時間表示スライダ */

/*** GUIコールバック関数プロトタイプ宣言 ***/
static void cb_loadFile(Fl_Menu_Item *w, void *d);
static void cb_exit(Fl_Menu_Item *w, void *d);
static void cb_butPlay(Fl_Button *w, void *d);
static void cb_butStop(Fl_Button *w, void *d);
static void cb_pcmDevice(Fl_Choice *w, void *d);
```

第**8**章　GUI再生プログラム

▶ GUIコールバック関数プロトタイプ宣言

FLTK規定に基づき，次のコールバック関数を宣言します．

cb_load File	ファイル・オープン選択操作に応答するコールバック関数．
cb_exit	終了選択操作に応答するコールバック関数．
cb_butPlay	再生ボタン操作に応答するコールバック関数．
cb_butStop	停止ボタン操作に応答するコールバック関数．
cb_pcmDevice	PCMデバイス選択操作に応答するコールバック関数．

● main（GUIイベント処理制御）

GUIイベント処理を制御する，main関数をリスト**8-5**に示します．mainでは，次のことを行います．

リスト**8-5**　main関数

```
int main(void)
{
  /* ---------- GUI 定義開始 ---------- */
  MainWindow = new Fl_Window(0, 0, 400, 350, "gui_player");
  Fl_Menu_Item FileItem[] = {
    {"ファイル", 0, 0, 0, FL_SUBMENU, FL_NORMAL_LABEL, 0, 14, 0},
    {"オープン", FL_ALT+'o',  (Fl_Callback *)cb_loadFile, 0, 0, FL_NORMAL_LABEL, 0, 14, 0},
    {"終了", FL_ALT+'x',  (Fl_Callback *)cb_exit, 0, 0, FL_NORMAL_LABEL, 0, 14, 0},
    {0},
    {0},
  };
  Fl_Menu_Bar *Menu = new Fl_Menu_Bar(0, 0, 80, 35);
  Menu->menu(FileItem);
  PlayFile = new Fl_Box(25, 40, 350, 40, "---再生ファイル---");
  Fl_Menu_Item DeviceItem[] = {
    {"plughw:0,0", 0,  0, 0, 0, FL_NORMAL_LABEL, 0, 14, 0},
    {"hw:0,0", 0,  0, 0, 0, FL_NORMAL_LABEL, 0, 14, 0},
    {"plughw:1,0", 0,  0, 0, 0, FL_NORMAL_LABEL, 0, 14, 0},
    {"hw:1,0", 0, 0, 0, 0, FL_NORMAL_LABEL, 0, 14, 0},
    {0}
  };
  PcmDevice = new Fl_Choice(175, 85, 115, 30, "PCMデバイス");
  PcmDevice->down_box(FL_BORDER_BOX);
  PcmDevice->callback((Fl_Callback *)cb_pcmDevice);
  PcmDevice->menu(DeviceItem);
  PlayState = new Fl_Box(150, 130, 100, 35,"---再生状態---");
  Fl_Button *butPlay = new Fl_Button(90, 180, 90, 45, "@>");
  butPlay->callback((Fl_Callback *)cb_butPlay);
  Fl_Button *butStop = new Fl_Button(220, 180, 90, 45, "@square");
  butStop->callback((Fl_Callback *)cb_butStop);
  new Fl_Box(115, 225, 50, 15, "再生");
  new Fl_Box(245, 225, 50, 15, "停止");
  TimeBar = new Fl_Hor_Value_Slider(50, 270, 300, 30);
  TimeBar->type(FL_HOR_FILL_SLIDER);
  TimeBar->selection_color(FL_BLUE);

  MainWindow->end();
  FileDlg = new Fl_File_Chooser(".", "オーディオファイル (*.{wav,aif,aiff,flac})", Fl_File_
Chooser::SINGLE,"オーディオファイルを開く");
  /* ----- GUI 定義終了------ */

  MainWindow->show();  /* ウィンドウを可視化 */
  Fl::lock();
  return Fl::run();   /* GUIイベントループ実行 */
}
```

表8-2 FLTKメニュー項目型

型定義	```c
	struct Fl_Menu_Item {
	    const char *text;
	    ulong shortcut_;
	    Fl_Callback *callback_;
	    void *user_data_;
	    int flags;
	    uchar labeltype_;
	    uchar labelfont_;
	    uchar labelsize_;
	    uchar labelcolor_;
	};
	``

説明	Fl_Menu_クラスで使用される単一メニュー項目を定義する構造体

列挙型（flags）	```c
	enum {
	  FL_MENU_INACTIVE = 1, //無効メニュー項目（グレー）
	  FL_MENU_TOGGLE= 2, //トグル・チェックボックス
	  FL_MENU_VALUE = 4, //オン・オフ状態
	  FL_MENU_RADIO = 8, //ラジオ・ボタン
	  FL_MENU_INVISIBLE = 0x10, //項目非表示
	  FL_SUBMENU_POINTER = 0x20, //別メニューへのポインタ
	  FL_SUBMENU = 0x40, //他の項目のサブメニュー項目
	  FL_MENU_DIVIDER = 0x80, //この項目の下に分割線を生成，またはラジオボタンの終端
	  FL_MENU_HORIZONTAL = 0x100 //予約値
	};
	``

▶ウィンドウの生成と初期化

クラスFl_Windowのコンストラクタにより，次のようにGUI再生プログラムの主ウィンドウのインスタンスを生成・初期化します．

```cpp
MainWindow = new Fl_Window(0, 0, 400, 250, "gui_player");
```

▶ファイル・メニュー項目定義

ファイル・メニューからプルダウンされる各メニュー項目は，**表8-2**に示す構造体型に基づき定義します．ここでは，サブメニュー「ファイル」のプルダウン・メニュー項目，「オープン」，「終了」に対して，それぞれ対応するショートカット・キー（"ALT+o"，"ALT+x"），およびコールバック関数を定義します．定義末尾の{0}は，サブメニューおよびメニュー項目の配列の終端を識別するために必要です．

```cpp
Fl_Menu_Item FileItem[] = {
{"ファイル", 0, 0, 0, FL_SUBMENU, FL_NORMAL_LABEL, 0, 14, 0},
{"オープン", FL_ALT+'o',  (Fl_Callback *)cb_loadFile, 0, 0, FL_NORMAL_LABEL,
0, 14, 0},
{"終了",  FL_ALT+'x',  (Fl_Callback *)cb_exit, 0, 0, FL_NORMAL_LABEL, 0, 14, 0},
{0},
{0},
};
```

▶メニューバーの生成とメニュー項目の設定

メニューバー・クラスのコンストラクタにより，インスタンスを生成・初期化し，基底クラスFl_Menu_のメンバ関数menuにより，先行して定義したメニュー項目構造体配列の内容を設定します．

```cpp
Fl_Menu_Bar *Menu = new Fl_Menu_Bar(0, 0, 80, 35);
Menu->menu(FileItem);
```

▶再生ファイル名表示領域インスタンスの生成と初期化

次に再生ファイル名を表示する矩形領域のインスタンスを生成し，初期化します．

```
PlayFile = new Fl_Box(25, 40, 350, 40, "---再生ファイル---");
```

▶PCMデバイス選択ポップアップメニュー・インスタンスの生成とコールバック関数の登録

前述したメニューバー生成／メニュー項目の設定と同様にして，ポップアップメニュー・クラス`Fl_Choice`のコンストラクタにより，PCMデバイス選択ポップアップメニューのインスタンスを生成し，ALSA PCMデバイスの要求メニュー項目を設定します．また，デバイス選択操作のイベントを処理するコールバック関数の登録も行います．基底クラス`Fl_Menu_`のメンバ関数`down_box`は，ポップアップメニューを囲む箱のタイプを設定します．

```
Fl_Menu_Item DeviceItem[] = {
{"plughw:0,0", 0,  0, 0, 0, FL_NORMAL_LABEL, 0, 14, 0},
{"hw:0,0", 0,  0, 0, 0, FL_NORMAL_LABEL, 0, 14, 0},
{"plughw:1,0", 0,  0, 0, 0, FL_NORMAL_LABEL, 0, 14, 0},
{"hw:1,0", 0,  0, 0, 0, FL_NORMAL_LABEL, 0, 14, 0},
{0}
};
PcmDevice = new Fl_Choice(175, 85, 115, 30, "PCMデバイス");
PcmDevice->down_box(FL_BORDER_BOX);
PcmDevice->callback((Fl_Callback *)cb_pcmDevice);
PcmDevice->menu(DeviceItem);
```

▶再生／停止ボタン・インスタンスの生成とコールバック関数の登録

ボタン・ウィジェットのクラス`Fl_Button`のコンストラクタにより，再生／停止ボタンのインスタンスを生成・初期化し，各ボタン操作イベントを処理するコールバック関数を登録します．コンストラクタのラベル引き数の`@`は，直後の文字列をラベルに表示するシンボルにエスケープするために使用される符号です．再生ボタンのシンボル`"@>"`，および停止ボタンのシンボル`"@square"`の実際の表示は，後述する画面で確認します．

```
Fl_Button *butPlay = new Fl_Button(90, 180, 90, 45, "@>");
butPlay->callback((Fl_Callback *)cb_butPlay);
Fl_Button *butStop = new Fl_Button(220, 180, 90, 45, "@square");
butStop->callback((Fl_Callback *)cb_butStop);
```

▶ボタン名表示領域インスタンスの生成と初期化

ボタン・ウィジェットのラベルをシンボル・マーク表示にしたので，各ボタンの直下にボタン名を表示する矩形領域を生成します．

```
new Fl_Box(115, 225, 50, 15, "再生");
new Fl_Box(245, 225, 50, 15, "停止");
```

▶再生時間の進行を値とバー表示するインスタンスの生成と初期化

値と水平スライダを表示するクラス`Fl_Hor_Value_Slider`のコンストラクタで，再生時間の進行をバー表示するためのインスタンスを生成・初期化します．また，基底クラスのメンバ関数`type`により，進行する経過時間をバーで表現する水平スライダ型に設定します．同じく基底クラスのメンバ関数`selection_color`により，メータの色を青に設定します．

以上でウィンドウ内のウィジェット定義は終了し，`Fl_Window`クラスの基底クラスのメンバ関数`end`を実行します．

表8-3 Fl_File_Chooserクラスのコンストラクタ

宣　言	Fl_File_Chooser::Fl_File_Chooser (　　　　　　const char　　*pathname, 　　　　　　const char　　*pattern, 　　　　　　int　　　　　　type, 　　　　　　const char　　*title)
説　明	ファイル選択ダイアログボックスを生成するコンストラクタ
引き数	pathname　　選択対象の初期ディレクトリ名 pattern　　　リスト中のファイル種類にフィルタをかける文字パターン type　　　　　ファイルまたはディレクトリの選択型式 title　　　　ダイアログボックスのタイトルバーに表示するテキスト

リスト8-6 「オープン」操作イベントを処理するコールバック関数cb_loadFile

```
/* ファイルロード操作コールバック関数 */
void cb_loadFile(Fl_Menu_Item *w, void *d)
{
  static char currDir[256] = "/home";
  FileDlg->directory(currDir);                /* 現在のディレクトリパスを設定 */
  FileDlg->preview(0);                        /* ファイルプレビューを不可 */
  FileDlg->show();
  while (FileDlg->visible())
    Fl::wait();
  strcpy(currDir,FileDlg->directory());       /* 選択されたディレクトリパスを保存 */
  if (FileDlg->count() > 0 && currDir[0] != '\0') {
    strcpy (filePath, FileDlg->value(1));
    PlayFile->label(filePath);                /* サウンドファイル名文字列を更新表示 */
  }
  return;
}
```

```
TimeBar = new Fl_Hor_Value_Slider(50, 270, 300, 30);
TimeBar->type(FL_HOR_FILL_SLIDER);
TimeBar->selection_color(FL_BLUE);
MainWindow->end();
```

▶ **ファイル選択ダイアログボックス・インスタンスの生成と初期化**

　ファイルを選択するダイアログボックスを表示するクラスFl_File_Chooserのコンストラクタにより，インスタンスを生成・初期化します．このコンストラクタの仕様は**表8-3**のとおりです．

　ここでは，ディレクトリ初期値をルート・ディレクトリに，選択対象ファイルはファイル拡張子がwav，aif，aiff，flacに，また選択型式をSINGLE，すなわち既存ファイルを1つだけ選択することを許可するように設定します．

```
FileDlg = new Fl_File_Chooser(".", "オーディオファイル (*.{wav,aif,aiff,flac})",
Fl_File_Chooser::SINGLE,  "オーディオファイルを開く");
```

▶ **イベント処理ループ実行**

　lockを呼び出して実行時のマルチ・スレッドのサポートを開始してから，イベント処理ループを実行します．これで，全てのコールバック関数は適正にロックされます．

```
Fl::lock();
return Fl::run();
```

● **コールバック関数cb_loadFile**

　ファイル・メニュー項目「オープン」をクリック操作した場合に発生するイベントを処理するコールバック

第8章　GUI再生プログラム

関数cb_loadFileをリスト8-6に示します．cb_loadFileでは次の処理を行います．

▶ 選択ファイル関連変数の定義

ダイアログボックスを開いたときに表示されるディレクトリ名を保持する変数を定義し，初期値をhome
ディレクトリに設定します．設定された値がコールバック関数を抜けてからも次に値が設定されるまで保持
されるようにするために，この変数はstatic宣言とします．

```
static char currDir[256] = "/home";
```

▶ ダイアログボックスの属性設定および表示

Fl_File_Chooserクラスのメンバ関数directoryにより，ダイアログボックスの現在のディレクトリ
名の値を設定，メンバ関数previewにより，ファイル・プレビューを不可に設定してから，メンバ関数
showにより，ダイアログボックス・ウィンドウを表示します．

```
FileDlg->directory(currDir);
FileDlg->preview(0);
FileDlg->show();
```

▶ ファイルの選択処理

ダイアログボックスが表示されている間，すなわちダイアログボックスに対してユーザがOKまたはキャン
セルを選択するまで，メンバ関数visibleは1を返します．ファイルが選択されOKボタンをクリックすると，
メンバ関数countは選択されたファイルの数（この場合は1）を返します．メンバ関数valueで選択された
フルパス・ファイル名を取得し，再生ファイルを識別する大域変数filePathにコピー後，Fl_Boxクラス
の基底クラスのメンバ関数labelにより，矩形表示領域にその名前を表示して，呼び出し元に戻ります．

```
while (FileDlg->visible())
    Fl::wait();
strcpy(currDir,FileDlg->directory());
if (FileDlg->count() > 0  && currDir[0] != '¥0') {
    strcpy (filePath, FileDlg->value(1));
    PlayFile->label(filePath);
}
return;
```

● コールバック関数cb_pcmDevice

PCMデバイスをポップアップから選択操作した場合に発生するイベントを処理するコールバック関数
cb_pcmDeviceをリスト8-7に示します．このコールバック関数では，再生中にユーザが別のPCMデバイ
スを選択する操作を行った場合の，応答メッセージを表示するのみです．実際のPCMデバイスの設定は，後
述する再生ボタン操作イベントを処理するコールバック関数で行います．

リスト8-7　PCMデバイス選択操作イベントを処理するコールバック関数cb_pcmDevice

```
/*  PCMデバイス選択操作コールバック関数  */
void cb_pcmDevice(Fl_Choice *w, void *d)
{
  if(isPlay)
    fl_message("次の再生から設定");
  return;
}
```

リスト8-8　再生ボタンのクリック操作イベントを処理するコールバック関数cb_butPlay

```
/*  再生ボタン操作コールバック関数  */
void cb_butPlay(Fl_Button *w, void *d)
{
  if(filePath[0] == '\0'){
    fl_message("再生ファイルが未選択！");
    return;
  }
  if(!isPlay){
    int device_index = PcmDevice->value();
    switch(device_index){
    case 0:
      device = (char *)"plughw:0,0";
      break;
    case 1:
      device = (char *)"hw:0,0";
      break;
    case 2:
      device = (char *)"plughw:1,0";
      break;
    case 3:
      device = (char *)"hw:1,0";
      break;
    default:
      break;
    }
    PlayState->label("再生中");
    pthread_create(&play_thread, NULL, player, NULL);
  }
  else
    fl_message("再生中止するには停止ボタン");
  return;
}
```

● コールバック関数cb_butPlay

　再生ボタンをクリック操作した場合に発生するイベントを処理するコールバック関数cb_butPlayをリスト8-8に示します．cb_butPlayでは，次の処理を行います．

▶ ファイル未選択時の警告表示

　再生ファイルを識別する大域変数filePathの内容を検査して，ファイル名が空であれば，共通ダイアログ関数fl_messageで警告メッセージを表示して，呼び出し元に戻ります．

```
fl_message("再生ファイルが未選択!");
```

▶ PCMデバイスの設定

　再生状態識別フラグisPlayの値を検査し，再生中であれば警告メッセージを表示します．一方，停止中であればFl_Choiceクラスのメンバ関数valueにより，PCMデバイス選択ポップアップメニューの現在の選択項目のインデックス値を取得します．このインデックスは0から始まります．インデックスの値に応じ

表8-4　POSIX標準関数pthread_create

宣　言	int pthread_create(pthread_t　　　　　　　　　*thread, 　　　　　　　　　　　const pthread_attr_t　*attr, 　　　　　　　　　　　void　　　　　　　　　*(*start_routine) (void *), 　　　　　　　　　　　void　　　　　　　　　*arg);	
説　明	新規にスレッドを生成する	
引き数	thread	スレッドID
	attr	スレッド属性
	start_routine	スレッドの実行開始関数
	arg	実行開始関数に渡す引き数
戻り値	成功時には0，失敗時にはエラー番号を戻す	

第8章　GUI再生プログラム

リスト8-9　停止ボタンに応答するコールバック関数の定義cb_butStop

```
/* 停止ボタン操作コールバック関数 */
void cb_butStop(Fl_Button *w, void *d)
{
  if (isPlay){
    isStop = true;
    PlayState->label("再生停止");
  }
  return;
}
```

リスト8-10　「終了」操作イベントを処理するコールバック関数cb_exit

```
/* プログラム終了操作コールバック関数 */
void cb_exit(Fl_Menu_Item *w, void *d)
{
  MainWindow->hide();
  return;
}
```

てPCMデバイスを識別する大域変数deviceの値を設定します.

```
int device_index = PcmDevice->value();
```

▶再生スレッド生成

　設定したPCMデバイスが「開始中」であることを再生状態表示矩形領域に出力後, POSIX標準関数pthread_createにより, 再生処理スレッドを生成します. この関数の仕様を**表8-4**に示します.

　ここでは, スレッドIDがplay_thread, デフォルト属性で実行開始関数playerの新しいスレッドを生成します. playerは, 後述するように再生処理を制御する関数です.

```
PlayState->label("再生中");
pthread_create(&play_thread, NULL, player, NULL);
```

● コールバック関数cb_butStop

　停止ボタンをクリック操作した場合に発生するイベントを処理するコールバック関数cb_butStopをリスト8-9に示します.

　ここでは, 再生中に停止ボタンが押下された場合, 停止状態識別フラグisStopの値をtrueに設定し,「再生停止」することを再生状態表示矩形領域に出力後, 呼び出し元に戻ります.

```
if (isPlay){
   isStop = true;
   PlayState->label("再生停止");
}
```

● コールバック関数cb_exit

　ファイル・メニュー項目,「終了」をクリック操作した場合に発生するイベントを処理するコールバック関数cb_exitをリスト8-10に示します.

　ここでは, Fl_Windowクラスのメンバ関数hideにより, ウィンドウ画面を消去します. この結果, mainでは実行中のイベント処理ループを抜け, GUI再生プログラムを終了します.

```
MainWindow->hide();
```

リスト8-11　マルチフォーマット・サウンドの再生を制御するユーティリティ関数player

```
/* マルチフォーマット再生制御ユーティリティ関数の定義 */
void *player(void *arg)
{
  …(途中省略)

  /* ユーティリティ関数によりファイルからデータを読み，ALSA転送関数に渡してサウンドを再生する */
  isPlay = true;
  err = gui_write_int(handle);
  …(途中省略)

  /* 後始末 */
 cleaning:
  isPlay = false;
  isStop = false;
  …(途中省略)
  return((void *)0);
}
```

リスト8-12　サウンド再生処理を実行するユーティリティ関数gui_write_int

```
/* サウンドデータの再生を行うユーティリティ関数の定義 */
int gui_write_int(snd_pcm_t *handle)
{
  …(途中省略)
  Fl::lock();
  TimeBar->range(0,(double)numSoundFrames/(double)rate);
  Fl::unlock();
  …(途中省略)
  while(resFrames>0 && !isStop){
  …(途中省略)
    Fl::lock();
    TimeBar->value((double)numPlayFrames/(double)rate);
    Fl::awake();
    Fl::unlock();
    …(途中省略)
  }
  snd_pcm_drop(handle);
  if(!isStop){
    Fl::lock();
    PlayState->label("再生終了");
    Fl::awake();
    Fl::unlock();
  }
  …(途中省略)
}
```

● ユーティリティ関数player

　マルチフォーマット・サウンドの再生を制御するユーティリティ関数playerのソース・コードの抜粋をリスト8-11に示します．

　この関数は，主スレッドから生成されるスレッドの実行開始関数であることを除いて，実質的なコード内容は第7章で説明したマルチフォーマット再生プログラムmultiFmt_rw_player_int.cのmain関数とほとんど同一です．この関数でわずかに追加・変更した内容は，次のとおりです．

▶ 制御フラグ設定/再生実行制御

　GUIイベント処理で参照される再生状態識別フラグisPlayの値をセットしてから，再生処理を実行するユーティリティ関数gui_write_intを呼び出します．

▶ 後始末/再生処理スレッド終了

　後始末では，再生状態識別フラグisPlayおよび停止状態識別フラグisStopの値をクリアします．最後

にreturn文を実行して，再生処理スレッドを終了します．

● ユーティリティ関数gui_write_int

サウンド・データの再生処理を実行するユーティリティ関数gui_write_intのソース・コードの抜粋を
リスト8-12に示します．この関数も実質的なコード内容は第7章で説明したマルチフォーマット再生プログ
ラムmultiFmt_rw_player_int.cのユーティリティ関数multi_fmt_write_intとほとんど同一です．
この関数で追加・変更した内容は，GUIイベント処理に関わる次の事項です．

▶ 水平スライダ表示範囲設定

進行する経過時間を，メータ表現する水平スライダの値の範囲を基底クラスのメンバ関数rangeにより最
小値0，最大値をサウンド再生時間に設定します．生成されたスレッド内においては，Fl::lock()および
Fl::unlock():でFLTKの関数呼び出しを囲む作法が必要となります．すなわち，Fl::lock()でFLTK
関数呼び出しの混在を回避し，Fl::unlock():で他のスレッドからの呼び出しを再度許可する仕組みです．

```
Fl::lock();
TimeBar->range(0,(double)numSoundFrames/(double)rate);
Fl::unlock();
```

▶ 再生実行

サウンド再生を実行するwhileループの継続条件に，停止状態識別フラグisStopの値がクリアされてい
ることを論理的ANDとして追加します．換言すると，停止ボタンがクリックされると，再生途中でwhile
ループを離脱します．

▶ 再生時間表示

再生中，水平スライダの基底クラスのメンバ関数valueで，再生経過時間の値とグラフィカルなバーを表
示します．Fl::awake()の呼び出しは，主スレッドのGUIイベント処理ループのトリガとなります．

```
Fl::lock();
TimeBar->value((double)numPlayFrames/(double)rate);
Fl::awake();
Fl::unlock();
```

▶ 再生終了表示

全サウンド・データの再生を終了すると，「再生終了」を再生状態表示矩形領域に出力して，呼び出し元に
戻ります．

```
if(!isStop){
   Fl::lock();
   PlayState->label("再生終了");
   Fl::awake();
   Fl::unlock();
}
```

> **Note**
> - 再生処理スレッドのユーティリティ関数は，全てこれまでに作成したコマンドラインから実行する実例プログラムの関数を流用または一部変更したものです．従って，元々はC言語の標準関数`printf`, `fprintf`を随所に使用しています．上記説明では特に触れませんでしたが，これらの標準出力表示をGUI表示に置き換えるためには，例えば`fl_message`のようなFLTKの関数を適用できます．またGUIプログラムの直接起動実行では無用の`printf`, `fprintf`を削除またはコメントアウトする前に，端末のコマンドラインからプログラムを起動して、デバッグまたは実行動作の詳細確認に適用することも可能です．
> - より複雑なGUIプログラムを作成するためには，FLUID（Fast User Interface Designer）という，FLTKライブラリをバンドルしたオープン・ソースのGUIビルダを使用して，視覚的に作成することも可能です．FLUIDの詳細は，次のURLを参照してください．
>   http://www.fltk.org/documentation.php/doc-1.1/fluid.html

■第4項　実行プログラム生成/動作確認

● 実行プログラム生成

実行プログラムの生成は，リスト8-13に示すように行います．

● 動作確認システム構成

図8-7の構成で実例プログラムの動作を確認します．

リスト8-13　GUI再生プログラム（標準read/write 転送）**の生成**

```
$ g++ -o gui_player gui_player.cpp -lasound -lsndfile -lpthread -lfltk
```

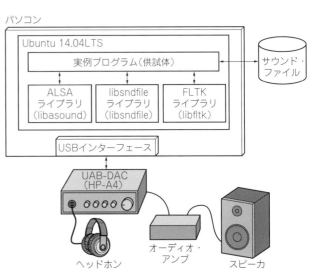

図8-7　GUI再生プログラムの動作確認システム構成
この実例プログラムは，ALSAライブラリ，libsndfileライブラリ，およびFLTKライブラリを適用して動作する

● 動作確認結果

次に基本的なGUI操作の流れにおける，動作確認結果を示します．

（1）実行プログラム起動

実行ファイルgui_playerを右クリックし，ポップアップメニューから実行を選択して，GUI再生プログラムを起動した結果を図8-8に示します．GUI要求仕様を充足しているかどうかを確認します．

（2）ファイル未選択時の再生操作

起動直後にファイルを選択しないで再生ボタンをクリックしたときに，図8-9に示すようなダイアログボックスが警告表示されることを確認します．

（3）オープン/再生ファイル選択

メニューバーのファイル・メニューをクリックして，プルダウン項目から「オープン」をクリックして音源フォルダを選択すると，図8-10に示すようにファイル選択ダイアログボックスが表示されることを確認します．ここで再生ファイルを選択し，OKボタンをクリックすると図8-11に示すように再生ファイル名が表示

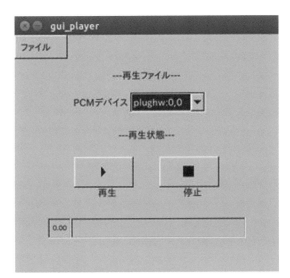

図8-8　起動直後のGUIプレーヤ画面

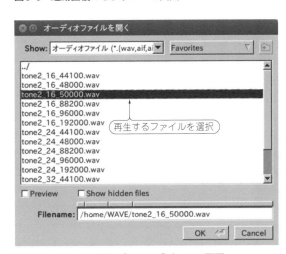

図8-10　ファイル選択ダイアログボックス画面

図8-9　ファイル未選択警告画面

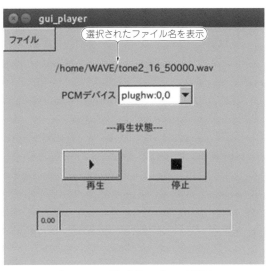

図8-11　再生ファイル選択直後のプレーヤ画面

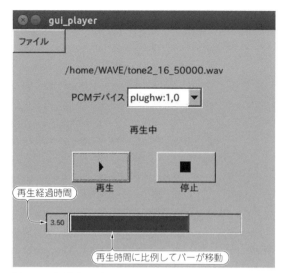 

図8-12 再生中のプレーヤ画面　　　　　　　　　図8-13 再生終了直後のプレーヤ画面

されることを確認します．

（4）PCMデバイス設定/再生開始

　PCMデバイス設定ポップアップを開き，USB DACに対応する`plughw:1,0`を選択．再生ボタンをクリックすると図8-12に示すような画面が進行し，USB DAC経由でサウンドが再生されることを確認します．

　本書では画面は省略しますが，再生中に再生ボタンをクリックしたり，PCMデバイスを変更したりしたときに表示される警告ダイアログボックスの画面も確認します．また，再生中に停止ボタンをクリックして，再生が停止しプレーヤの状態表示が「再生停止」になることも確認します．

（5）再生終了

　再生が完了すると図8-13に示すような画面が表示されることを確認します．

　この後は，ファイル選択から繰返し異なる種々の音源ファイルの再生を行って，GUI再生プログラム実用性を確認します．

> **Note**
> - 端末のコマンドラインから実行する再生プログラムの注記で，`nice`コマンドを使用すると簡便に優先度を上げてプログラムを実行することができ，その結果より良好な処理性能を担保することが可能になることを説明しました．GUI再生プログラムをUbuntu上で起動した場合も，システムモニター・ユーティリティで同プログラムの優先度を上げることができます．

付録A 試験音源生成プログラム

本書で使用した試験音源の生成プログラムについて説明します.

■第1項 要求仕様

第2章第1節第2項（p.21）で説明した試験音源の次の特性をプログラムの要求仕様とします.

▶ファイル・フォーマット

WAVE, FLAC, AIFF

▶音源特性

標本化速度：$f_s = 44100 \sim 192000\mathrm{Hz}$

正弦波周波数：$F_0 = 1000\mathrm{Hz}$

再生時間：$T = 5\mathrm{sec}$

正弦波振幅初期値：$A_s = 1.0\,(0\mathrm{dB})$

正弦波振幅最終値：$A_e = 0.0001\,(-80\mathrm{dB})$

音源標本値：$s(n) = (A_e/A_s)^{n/Tf_s} \times A_s \times \sin(2\pi(nF_0/f_s))$ $(n = 0, 1, 2.\cdots\cdots \leqq Tf_s)$

量子化ビット数 Q_n：16, 24, 32ビット（FLAC形式は24ビットまで）

チャネル数：2

▶音源ファイル命名規則

WAVEフォーマット：`tone2_`Q_n`_`f_s`.wav`

FLACフォーマット：`tone2_`Q_n`_`f_s`.flac`

AIFFフォーマット：`tone2_`Q_n`_`f_s`.aiff`

▶ソース・ファイル名

`testSoundGen.c`

▶実行ファイル名

`testSoundGen`

▶使用方法

`$ 実行ファイル名［オプション…］`

実行時オプション：

`-h,--help`　　　使用法を示すオプション

`-f,--format`　　ファイル・フォーマットを指定するオプション（デフォルトはwav）

`-r,--rate`　　　標本化速度をHz単位で指定するオプション（デフォルトは44100Hz）

`-b,--bits`　　　量子化ビット数を指定するオプション（デフォルトは16ビット）

■第2項 ソース・コード定義

試験音源生成プログラムのソース・コードを**リストA-1**に示します. ユーティリティ関数usageについては, 本文中の実例プログラムと同様なコード構成であり, 説明は省略します. `main`関数における処理の概要は次のとおりです.

▶変数定義

音源ファイル名に関する変数, 減衰する正弦波音源に関する変数を定義します. 文字列へのポインタを保

139

リストA-1　試験音源生成プログラムtestSoundGen.c（つづく）

```c
/*****************************************************************
実例プログラム：試験用音源生成プログラム
ソースコード：testSoundGen.c
*****************************************************************/
#include <stdio.h>
#include <getopt.h>
#include <math.h>
#include <stdlib.h>
#include <string.h>
#include <limits.h>
#include "sndfile.h"

static int fs = 44100;        /* 標本化周波数 (Hz) */
static int numBits = 16;      /* 量子化ビット数 */
static int numChannels = 2;   /* チャネル数 (ステレオ固定) */

/* 使用法を表示するユーティリティ関数の定義 */
static void usage(void)
{
  int k;
  printf(
    "Usage: testSoundGen [オプション]...\n"
    "-h,--help 使用法\n"
    "-f,--format　ファイル拡張子：（デフォルトwav），オプション flacまたはaiff\n"
    "-r,--rate 標本化速度：最小44100(デフォルト)，最大192000\n"
    "-b,--bits 量子化ビット数：16(デフォルト)，24，32\n"
    "\n");
  printf("適用ファイルフォーマット:WAVE, FLAC, AIFF\n");
  printf("\n");
}

int main(int argc, char *argv[])
{
  static const struct option long_option[] =
    {
      {"help", 0, NULL, 'h'},
      {"format", 1, NULL, 'f'},
      {"rate", 1, NULL, 'r'},
      {"bits", 1, NULL, 'b'},
      {NULL, 0, NULL, 0},
    };

  /* (1) 変数定義 */
  int c;
  char *formatID[3] = {"16", "44100", "wav"};
  char filename[256] = "tone2_";        /* 音源ファイル名 */
  int     sample[2];                    /* サウンド標本 (整数型) フレーム */
  int     numSamples;                   /* 標本数 */
  float   duration = 5.0;               /* 再生時間 (秒) */
  float   frequency = 1000.0;           /* 純音の周波数 (Hz) */
  double  fsample;                      /* サウンド標本 (浮動少数点型) */
  double  pi = 4 * atan(1.);            /* 円周率 */
  double  start = 1.0;                  /* 標本初期値 (0dB) */
  double  end = 1.0e-4;                 /* 標本最終値 (-80dB)*/
  double  current;                      /* 標本現在値 */
  double  factor;                       /* 振幅減衰係数 */
  double  angleIncrement;               /* 純音の位相角の増分 */

  /* libsndfile */
  SNDFILE *outfile;
  SF_INFO outfileInfo = {0};
  int subformat, format = SF_FORMAT_WAV;

  /* (2) コマンドライン・オプション処理 */
  while ((c = getopt_long(argc, argv, "hf:r:b:", long_option, NULL)) != -1) {
    switch (c) {
```

```
    case 'h':
      usage();
      return 0;
    case 'f':
      formatID[2] = strdup(optarg);
      if (strcmp(formatID[2], "flac") == 0){
  format = SF_FORMAT_FLAC;
      }else if (strcmp(formatID[2], "aiff") == 0){
  format = SF_FORMAT_AIFF;
      }else{
  usage();
  exit(-1);
      }
      break;
    case 'r':
      fs = atoi(optarg);
      if ((fs > 192000) || (fs < 44100)){
  usage();
  exit(-1);
      }
      formatID[1] = strdup(optarg);
      break;
    case 'b':
      numBits = atoi(optarg);
      if (!((numBits == 32)||(numBits == 24)||(numBits == 16))){
  usage()
  exit(-1);
      }
      formatID[0] = strdup(optarg);
      break;
    default:
      fprintf(stderr, "`--help'で使用方法を確認¥n");
      exit(-1);
    }
}

/* (3) 音源ファイル名生成 */
strcat(filename, formatID[0]);
strcat(filename, "_");
strcat(filename, formatID[1]);
strcat(filename, ".");
strcat(filename, formatID[2]);

/* (4) データフォーマット設定 */
switch (numBits) {
case 16:
  subformat = SF_FORMAT_PCM_16;
  break;
case 24:
  subformat = SF_FORMAT_PCM_24;
  break;
case 32:
  if (format == SF_FORMAT_FLAC){
    fprintf(stderr, "FLAC形式では32bitをサポートしていません¥n");
    exit(-1);
  }
  subformat = SF_FORMAT_PCM_32;
  break;
}

/* (5) 再生純音を規定するパラメータ算出 */
numSamples = (int)(duration * fs);
angleIncrement = 2. * pi * frequency / fs;
factor = pow(end/start, 1.0/numSamples); /* pow(x,y):xのy乗 , <math.h> */

/* (6) 音源ファイルのパラメータ設定 */
```

リストA-1　試験音源生成プログラムtestSoundGen.c（つづき）

```
  outfileInfo.samplerate = fs;
  outfileInfo.channels = numChannels;
  outfileInfo.format = format | subformat;
  if(!(outfile = sf_open(filename, SFM_WRITE, &outfileInfo))){
    fprintf(stderr, "出力ファイルオープン失敗\n");
    exit(-1);
  }

  /* (7) 単調に減衰する純音データ標本を音源ファイルにwrite */
  current = start;
  for(int i=0; i < numSamples; i++){
    fsample = current * sin(angleIncrement*i);
    current *= factor;
    sample[0] = sample[1] = (int)(INT_MAX * fsample); /* INT_MAX:int型の最大値 */
    sf_write_int(outfile, sample, 2);
  }
  printf("%d サンプルをファイル %s に書く\n", numSamples, filename);

  /* (8) 資源を開放して，プログラムを終了 */
  if(outfile != NULL)
    sf_close(outfile);
  return 0;
}
```

持する配列formatID[]は，ファイル命名規則要求に基づき，ファイル名構成要素を識別する変数です．

▶ コマンドライン・オプション処理

　フォーマット，標本化速度，量子化ビット数に関わるオプションを処理します．仕様外の値については，ユーティリティ関数usageを呼び出してから，プログラムを終了します．

▶ 音源ファイル名生成

　ファイル命名規則要求に基づき，音源ファイル名を生成します．

▶ libsndfileのデータ・フォーマット設定

　音源の量子化ビット数に基づき，libsndfileのデータ・フォーマット変数を設定します．

▶ 純音パラメータ算出

　生成する正弦波音源のサンプル数，位相角増分，振幅減衰率を計算します．

▶ 音源ファイルのパラメータ設定

　音源ファイルに必要な標本化速度，チャネル数，ファイル/データ・フォーマットの各情報を設定してから，音源ファイルを書き込みモードでオープンします．

▶ 音源ファイルへのサウンド・データ書き込み

　単調に減衰する正弦波データを音源ファイルに書き込みます．ここでは，左右両チャネルに同じ値を設定し，書込みが終了するとサンプル数とファイル名を出力します．

▶ 終了処理

　ファイル資源をクローズして，プログラムを終了します．

■ 第3項　実行プログラム生成/動作確認

● 実行プログラム生成

　実行プログラムの生成は，端末からリストA-2のように行います．

リストA-2　試験音源生成プログラムの生成

```
$ gcc -o testSoundGen testSoundGen.c -lsndfile -lm -std=gnu99 ⏎
```

付録A　試験音源生成プログラム

リストA-3　試験音源生成プログラムの実行

```
$   ./testSoundGen ⏎
$   ./testSoundGen  -fflac  -r192000  -b24 ⏎
$   ./testSoundGen  -faiff  -r96000 ⏎
```

● 動作確認結果

例えば，リストA-3に示すようなコマンドを実行してみます．

最初の実行により，WAVE形式のtone2_16_44100.wavファイルが生成されます．

2番目の実行で，FLAC形式のtone2_24_192000.flacファイルが生成されます．

3番目の実行で，AIFF形式のtone2_16_96000.aiffファイルが生成されます．

> **Note**
>
> • Ubuntuで試験音源の波形を確認する場合，フリーのソフトウェアAudacityが適用できます．また，試験音源のフォーマットを端末から確認するためには，例えばユーティリティ・ソフトウェアmediainfoが適用できます．興味のある読者諸氏は各ソフトウェアをダウンロードして，確認してみてください．

143

参考資料

(1)『ハイレゾオーディオの呼称について（周知）』，一般社団法人 電子情報技術産業協会，2014年3月

(2)『ハイレゾリューション・オーディオ（サウンド）の取り込み』，一般社団法人 日本オーディオ協会，2014年6月

(3) 安田 彰／岡村喜博；『ハイレゾオーディオ技術読本』，オーム社，2014年

(4) Lawrence R. Rabiner／Bernard Gold；『Theory and Application of Digital Signal Processing』，Prentice-Hall，1975年

(5) 音羽 良；『Macデジタルオーディオプログラミング』，マイナビBOOKS，2015年1月

(6) Richard Boulanger／Victor Lazzarini；『The Audio Programming Book』，MIT Press，2011年

(7) B.W. カーニハン／D.M. リッチー著　石田晴久 訳；『プログラミング言語C 第2版ANSI規格準拠』，共立出版，1989年

(8) P.J. Plauger；『The Standard C Library』，Prentice Hall，1992年

(9) B. Stroustrup／Addison-Wesley；『The C++ Programming Language』，4th edition，2013年

(10) W.R.Stevens／S.A. Rago著　大木敦雄 翻訳・監修；『詳解UNIXプログラミング（Advanced Programming in the UNIX Environment）第3版』，翔泳社，2014年

(11) Jonathan Corbet／Alessandro Rubini／Greg Kroah-Hartman著　山崎康宏 他訳；『LINUXデバイス・ドライバ』，オライリー・ジャパン，2012年

(12)『Universal Serial Bus Specification, Revsion 2.0』，Compaq，Hewlett-Packard，Intel，Lucent Technologies，Microsoft，NEC，Koninklijke Philips Elextronics N.Y.，2000年4月

(13)『Universal Serial Bus Device Class Definition for Audio Devices, Release 2.0』，USB Implementers Forum, Inc.，2006年5月

(14)『Universal Serial Bus Device Class Definition for Audio Data Formats, Release 2.0』，USB Implementers Forum, Inc.，2006年5月

(15)『Universal Serial Bus Device Class Definition for Terminal Types, Release 2.0』，USB Implementers Forum, Inc.，2006年5月

(16) Jeff Tranter；『Introduction to Sound Programming with ALSA』，LINUX JOURNAL，2004年9月

(17)『Multimedia Programming Interface and Data Specifications 1.0』，IBM and Microsoft，1991年8月

(18)『New Multimedia Data Types and Data Techniques』Revision: 3.0，Microsoft，1994年4月

(19)『FLTK 1,3,3 Programming Manual』Revision 9，F.Costantini et.al，2014年11月

参考Web情報

(1) USB General Guide Linux v3,8

http://processors.wiki.ti.com/index.php/USB_General_Guide_Linux_v3.8

(2) Advanced Linux Sound Architecture (ALSA) project homepage

http://www.alsa-project.org/main/index.php/Main_Page

(3) Asoundrc

http://www.alsa-project.org/main/index.php/Asoundrc

(4) Rumination on ALSA Drivers

http://www.alsa-project.org/~tiwai/lad2003/lad.html

(5) A Close look at ALSA

http://www.volkerschatz.com/noise/alsa.html

(6) FramesPeriod

http://www.alsa-project.org/main/index.php/FramesPeriods

(7) Multiple Channel Audio Data and WAVE Files

http://msdn.microsoft.com/en-us/windows/hardware/gg463006.aspx

(8) FLAC-Free Lossless Audio Code

https://xiph.org/flac/

(9) libsndfile

http://www.mega-nerd.com/libsndfile/

(10) Fast Light Toolkit (FLTK)

http://www.fltk.org/index.php

おわりに

　以上，ALSAをオーディオ基盤とする基本的なサウンド再生処理プログラミング技法について説明してきました．オーディオ装置ハードウェアを自作する場合に，半完成の組み立てキットを利用する場合と汎用の電子部品を利用して組み上げる場合では，製作可能な装置の仕様，実装方法，ワークロードの点で大きく異なります．それと同様に，オーディオ処理ソフトウェアを自作する場合も，利用するツールの種類によってオーディオ処理アプリケーション・プログラムの機能要求仕様やプログラム実装方法が大きく異なることが，本書の複数の実例プログラム作成を通して，多少はご理解いただけたのではないでしょうか．

　しかしながら，今回本書で説明した内容は，まだオーディオ処理プログラミングの入門レベルにしか過ぎません．読者諸氏には，次に例示するようなさらに高度で深遠なオーディオ処理に関わる課題に挑戦されてみてはいかがでしょうか．

- ディジタル信号処理の付加（例：ディジタル・フィルタによるサウンド標本化周波数変換処理）．
- リアルタイム・オーディオ性能チューニング（例：Linuxカーネル／ALSAレベル，プロセス／スレッドレベル）．
- 付加価値の高いGUIオーディオ・プログラムの作成（例：サウンド波形／スペクトラム表示）

　など．

　末筆ながら，本書がこれから趣味で，またはプロとしてオーディオもしくはサウンド処理に関連するソフトウェア開発を志す皆様の基礎技術習得の一助となれば幸いです．

（了）

索 引

記号・アルファベット

.asoundrc	28
AIFF（Audio Interchange File Format）	108
ALSA（Advance Linux Sound Architecture）	20
ALSA API（snd_config_update_free_global）	43
ALSA API（snd_output_close）	42
ALSA API（snd_output_stdio_attach）	42
ALSA API（snd_pcm_avail_update）	45
ALSA API（snd_pcm_close）	31
ALSA API（snd_pcm_drain）	48
ALSA API（snd_pcm_drop）	48
ALSA API（snd_pcm_dump）	43
ALSA API（snd_pcm_format_name）	36
ALSA API（snd_pcm_hw_params）	39
ALSA API（snd_pcm_hw_params_any）	33
ALSA API（snd_pcm_hw_params_dump）	42
ALSA API（snd_pcm_hw_params_get_buffer_size）	40
ALSA API（snd_pcm_hw_params_get_buffer_time_max）	38
ALSA API（snd_pcm_hw_params_get_period_size）	40
ALSA API（snd_pcm_hw_params_set_access）	33
ALSA API（snd_pcm_hw_params_set_buffer_time_near）	38
ALSA API（snd_pcm_hw_params_set_channels）	37
ALSA API（snd_pcm_hw_params_set_format）	36
ALSA API（snd_pcm_hw_params_set_period_time_near）	39
ALSA API（snd_pcm_hw_params_set_rate_near）	37
ALSA API（snd_pcm_hw_params_set_rate_resample）	33
ALSA API（snd_pcm_hw_params_test_format）	36
ALSA API（snd_pcm_mmap_begin）	45
ALSA API（snd_pcm_mmap_commit）	46
ALSA API（snd_pcm_mmap_writei）	47
ALSA API（snd_pcm_open）	31
ALSA API（snd_pcm_prepare）	39
ALSA API（snd_pcm_recover）	48
ALSA API（snd_pcm_start）	47
ALSA API（snd_pcm_sw_params）	41
ALSA API（snd_pcm_sw_params_current）	40
ALSA API（snd_pcm_sw_params_dump）	42
ALSA API（snd_pcm_sw_params_set_avail_min）	41
ALSA API（snd_pcm_sw_params_set_start_threshold）	41
ALSA API（snd_pcm_writei）	44
ALSA API（snd_pcm_writen）	44
ALSA API（snd_strerror）	49

147

ALSA マクロ（snd_pcm_hw_params_alloca）······································ 32

ALSA マクロ（snd_pcm_sw_params_alloca）······································ 32

ALSA カーネル・ドライバ·· 20

ALSA ユーティリティ·· 21

ALSA ライブラリ··· 50

aplay··· 21

asoundlib.h·· 50

Fl::awake ()··· 135

Fl::lock ()··· 135

Fl::run ()··· 121

Fl::unlock ()··· 135

Fl_Box··· 131

Fl_Button··· 119

Fl_Callback·· 120

Fl_Choice·· 125

Fl_File_Chooser·· 125

Fl_Hor_Value_Slider·· 127

Fl_Menu_Bar·· 125

Fl_Window·· 119, 125

FLAC（Free Lossless Audio Codec）··· 88

FLAC エンコード単位··· 89

FLAC フレーム·· 88

FLAC ライブラリ·· 51

FLTK コールバック関数の型··· 120

FLTK メニュー項目型··· 128

FLTK ライブラリ·· 51

GNU コンパイラ/リンカ gcc，g++·· 50

GUID（Globally Unique Identifier）·· 60

hw デバイス·· 26

libFLAC API（FLAC__stream_decoder_delete）······················· 91

libFLAC API（FLAC__stream_decoder_finish）························· 95

libFLAC API（FLAC__stream_decoder_get_state）··················· 94

libFLAC API（FLAC__stream_decoder_init_file）····················· 91

libFLAC API（FLAC__stream_decoder_new）··························· 91

libFLAC API（FLAC__stream_decoder_process_single）··········· 95

libFLAC API（FLAC__stream_decoder_process_until_end_of_metadata）··· 94

libFLAC コールバック関数（FLAC__StreamDecoderErrorCallback）········· 93

libFLAC コールバック関数（FLAC__StreamDecoderMetadataCallback）···· 92

libFLAC コールバック関数（FLAC__StreamDecoderWriteCallback）········· 93

libsndfile API（sf_close）·· 109

libsndfile API（sf_open）·· 109

libsndfile API（sf_readf_int）··· 110

libsndfile API（sf_strerror）··· 109

libsndfile API（sf_writef_int）·· 110

libsndfile ライブラリ·· 51

mmap 領域··· 44

new 演算子·· 119

Nyquist-Shannon標本化定理 ································· 12

PCM（Pulse Code Modulation） ···················· 13

PCMインターフェース ································· 26

PCMデバイス ··· 26

PCMハンドル ··· 31

PCMプラグイン ······································ 26

PCオーディオ・システム ····························· 15

plughwデバイス ······································ 27

POSIX（Portable Operating System Interface） ······ 49

POSIX標準関数 pthread_create ···················· 133

RIFF（Resource Interchange File Format） ·········· 58

STREAMINFOメタデータブロック ················· 88

USB-DAC ··· 15

USBオーディオ・クラス・ドライバ ················· 19

USB規格（USB specification） ······················ 15

WAVE ··· 58

あ・ア行

アイソクロナス転送（isochronous transfer） ········· 16

アクセス・タイプ ····································· 32

アナログ・サウンド信号 ······························ 10

アンダーラン（underrun） ··························· 47

イベント処理モデル ·································· 120

インターリーブ（interleave） ······················· 14

ウィジェット（widget） ···························· 119

エラー・コード ······································· 48

オーディオ・クラス2 ································· 19

オーディオ・デバイス・クラス（audio device class） ·· 16

オーディオ・バッファ ································· 37

オーバーラン（overrun） ···························· 48

音源付随パラメータ ··································· 34

か・カ行

開始閾値 ··· 40

基底クラス ·· 120

クラス ·· 119

コンストラクタ ····································· 119

さ・サ行

サンプル・フォーマット ······························ 26

サンプル・フレーム（sample frame） ················ 14

サンプル・フレーム速度 ······························ 34

周波数スペクトル（frequency spectrum） ············ 12

スコープ解決演算子（scope resolution operator） ···· 120

ソフトウェア・パラメータ ···························· 40

た・タ行

チャンク（chunk） ···································· 58

直接read/write転送 ·································· 44

ディジタル・サウンド・データ………………………… 10
デスクリプタ（descriptor）…………………………… 17
デバイス・クラス（device class）…………………… 16
デバイス・ドライバ…………………………………… 24
デバイス・ファイル…………………………………… 24
転送周期（transfer period）………………………… 37
転送周期時間長………………………………………… 37
転送速度………………………………………………… 15
転送方式………………………………………………… 43

は・ハ行

ハードウェア・パラメータ…………………………… 32
ハードウェア構成空間………………………………… 32
ハイスピード（high-speed）仕様…………………… 15
ハイレゾ・オーディオ………………………………… 10
ハイレゾ音源…………………………………………… 10
派生クラス……………………………………………… 120
バッファ時間長………………………………………… 37
パラメータ構成空間…………………………………… 32
ビッグ・エンディアン（Big Endian）……………… 34
非ブロック・モード…………………………………… 31
標準read/write転送…………………………………… 43
標本化（sampling）…………………………………… 10
標本化間隔（sampling interval）…………………… 10
標本化周期（sampling period）……………………… 10
標本化周波数（sampling frequency）……………… 10
標本化速度（sampling rate）………………………… 10
標本値（sample）……………………………………… 10
ブロック・モード……………………………………… 31

ま・マ行

マイクロフレーム（microframe）…………………… 16
マルチ・スレッド構造………………………………… 123
メンバ…………………………………………………… 119

ら・ラ行

リトル・エンディアン（Little Endian）…………… 34
量子……………………………………………………… 11
量子化（quantization）……………………………… 11
量子化誤差……………………………………………… 13
量子化雑音（quantization noise）…………………… 13
量子化ステップ・サイズ……………………………… 11
量子化ビット数………………………………………… 11
ロスレス圧縮・伸長…………………………………… 88

著者紹介

● 音羽　良（おとわ りょう）

　東京大学計測工学修士課程修了後，大手電機メーカでディジタル音響・映像関連機器の試作研究開発に従事．

　その後，外資系大手コンピュータ・メーカ関連会社でのマルチメディア・ソフトウェア開発，および大手宇宙機製造メーカ合弁会社でのソフトウェア品質評価／教育（講師，教材作成）などの業務を経て，2013年4月より，フリーの技術書執筆者として活動中．

●**本書記載の社名，製品名について** ── 本書に記載されている社名および製品名は，一般に開発メーカーの登録商標または商標です．なお，本文中では ™，Ⓡ，Ⓒの各表示を明記していません．

●**本書掲載記事の利用についてのご注意** ── 本書掲載記事は著作権法により保護され，また産業財産権が確立されている場合があります．したがって，記事として掲載された技術情報をもとに製品化をするには，著作権者および産業財産権者の許可が必要です．また，掲載された技術情報を利用することにより発生した損害などに関して，CQ出版社および著作権者ならびに産業財産権者は責任を負いかねますのでご了承ください．

●**本書に関するご質問について** ── 文章，数式などの記述上の不明点についてのご質問は，必ず往復はがきか返信用封筒を同封した封書でお願いいたします．勝手ながら，電話での質問にはお答えできません．ご質問は著者に回送し直接回答していただきますので，多少時間がかかります．また，本書の記載範囲を越えるご質問には応じられませんので，ご了承ください．

●**本書の複製等について** ── 本書のコピー，スキャン，デジタル化等の無断複製は著作権法上での例外を除き禁じられています．本書を代行業者等の第三者に依頼してスキャンやデジタル化することは，たとえ個人や家庭内の利用でも認められておりません．

JCOPY 〈(社)出版者著作権管理機構委託出版物〉

本書の全部または一部を無断で複写複製（コピー）することは，著作権法上での例外を除き，禁じられています．
本書からの複製を希望される場合は，(社)出版者著作権管理機構（TEL：03-3513-6969）にご連絡ください．

Linuxサウンド処理基盤 ALSAプログラミング入門

2018 年 8 月 1 日　発行　　　　　　　　　　　　　　　　　　　　　　　　　　　© 音羽 良 2018

著　者　音　羽　　　良

発行人　寺　前　裕　司

発行所　ＣＱ出版株式会社

〒 112-8619　東京都文京区千石 4 - 29 - 14

電話　編集　03 - 5395 - 2123

販売　03 - 5395 - 2141

ISBN978-4-7898-4473-4

定価はカバーに表示してあります

無断転載を禁じます

乱丁，落丁本はお取り替えします

Printed in Japan

編集担当　沖田 康紀／内門 和良

デザイン　近藤企画（近藤 久博）

DTP　西澤 賢一郎／三晃印刷株式会社

印刷・製本　三晃印刷株式会社